容積率緩和型都市計画論

容積率緩和型都市計画論

和泉洋人 著

信山社

　　　　　は　し　が　き

　今日、我国の政策・行政をめぐりいくつかのキーワードがある。すなわち、規制緩和、民間活力の活用、行政改革、地方分権、住民参加というキーワードである。
　都市計画・建築規制の分野においても土地バブルがスタートする前の昭和50年代後半、旧国土庁の首都改造計画、国際都市東京への期待等に刺激を受け、中曽根政権下のいわゆる中曽根民活を一つの契機として、これらのキーワードに基づく多くの改革が実行されてきた。
　一方、バブルは崩壊し、東京圏の地価は住宅地で2分の1、商業地で4分の1と大幅に低下し、我国の経済低迷の最大の原因の一つである金融機関の不良債権問題の基本的な要因になるに至っている。この間、単純な土地の有効高度利用、地価の高騰に伴う都心部の人口空洞化に対応するための住宅供給促進策、防災上危険な密集市街地の再開発、そして今日では小泉政権下において、日本経済の復権を推進するための都市再生と重点は変化しつつも、常に都市計画・建築規制の主として規制緩和を中心とする改革に多くの期待が寄せられてきたことは事実である。
　現在、我国の都市計画・建築規制の体系の中には、多様な容積率制限の緩和をはじめとする規制緩和の制度が設けられている。その各々は時々の経済社会の必要性に応じて設けられたものであるが、余りにも多様であるため全体像をつかみにくいのが実態である。そして、規制緩和の諸制度に関する種々の文献はあるものの、現在の制度体系を歴史的な経過も含めて体系的かつ論理的に整理したものは筆者の知るかぎりにおいてはなかった。
　また、今日行政の各分野において、政策評価、アカウンタビリティーという言葉が頻繁に使用されるが、このことは本来、最も都市計画・建築規制の分野において要求されるべきものである。なぜこのような規制がなされるの

か、なぜこの地区の規制は緩和されるのか、そしてそのような規制の強化・緩和はどのような効果があるのか。このような住民の側からの問いかけに対し、従来以上に客観的に、かつ、極力定量的に説明することが求められるが、今日まで必ずしも十分にそのようなニーズに応えてきたとはいえない。更に、そのような問いかけに応えるための研究も不十分であったといえる。

このような状況を踏まえ、本書を次のような構成でとりまとめた。

第1章においては、特定街区制度に端を発する都市計画・建築規制分野における容積率制限等緩和型制度の歴史的な成立過程を分析するとともに、各々の制度における容積率制限等の緩和の根拠及び手続きに基づき、これら諸制度を3タイプの類型に類型化した。本章を通読することにより、我国の多様な容積率制限等緩和型制度の全体像が容易に理解できるものと期待している。

第2章及び第3章では、バブル期以降常に我国の都市計画・建築規制あるいは住宅政策の分野の最大のテーマであった既成市街地の再編を通じた都心居住の実現のために、多くの大都市自治体の要請に基づき設けられたいわゆる用途別容積型地区計画と街並み誘導型地区計画をとりあげ、両制度創設の社会的背景、両制度の特色を明らかにした。その際、一般の読者の方々が余り目にすることのない両制度が創設された際の国会の建設委員会における議事録を引用することにより、より臨場感をもって両制度の意義目的を理解していただけるように留意した。

一方、第4章及び第5章では、アカウンタビリティーの要請に応える1つの試みとして都心型地区計画（用途別容積地区計画と街並み誘導型地区計画の併用）が住民に与える影響を明らかにするため地区計画策定の土地資産価値増大効果を定量的に分析した。千代田区あるいは同区内の神田和泉町をモデル地区とした限定的な試みであるが、規制緩和の効果を住民に対し客観的かつ定量的に説明する1手法を提案できたものと考えている。

最後に第6章として結論及び今後の検討課題をとりまとめた。

小泉政権下において内閣に都市再生本部が設けられ、都市再生が我国内政の最重要課題として位置付けられている。その実現手段として都市計画・建築規制に寄せられる期待は大きく、今後とも多くの議論が行われ、又、改革

が行われると期待される。本書がそのような議論の一助になれば誠に幸いである。

2001 年 11 月 14 日

和 泉 洋 人

目　次

はしがき

序　章 ……………………………………………………………… 1
　(1)　研究の背景 ………………………………………………… 1
　(2)　研究の目的と方法 ………………………………………… 4
　(3)　今までの関連研究の概観 ………………………………… 6
　(4)　本書の構成 ………………………………………………… 8

第1章　容積率制限等緩和型制度の類型と体系化 ……………… 15
　1-1．容積率制限等緩和型制度の成立過程の分析 …………… 15
　1-2．容積率制限等緩和型制度に係る容積率緩和の根拠
　　　 及び手続き並びにその類型化 …………………………… 34
　1-3．各類型毎の容積率制限緩和の限度と手続き …………… 44
　1-4．再開発地区計画導入後の容積率制限等緩和型制度 …… 51
　1-5．ま と め …………………………………………………… 57

第2章　容積率制限等緩和型制度の体系における
　　　　用途別容積型地区計画制度の特色 …………………… 63
　2-1．用途別容積型地区計画制度創設の社会的背景 ………… 63
　2-2．制度スキーム構築の基本理念 …………………………… 67
　2-3．法令上の規定と緩和の根拠 ……………………………… 71
　2-4．ま と め …………………………………………………… 78

目　次

第3章　容積率制限等緩和型制度の体系における街並み誘導型地区計画制度の特色 …… 81

- 3-1．街並み誘導型地区計画制度創設の社会的背景 ………… 81
- 3-2．制度スキーム構築の基本理念 ……………………… 86
- 3-3．法令上の規定と緩和の根拠 ………………………… 89
- 3-4．まとめ ……………………………………………… 132

第4章　地区計画策定による土地資産価値増大効果の計測 …… 135

- 4-1．地区計画策定による効果の計測手法 ………………… 137
- 4-2．千代田区における地区計画策定効果の検証 ………… 143
- 4-3．地区計画による効果の実現可能性の検証 …………… 150
- 4-4．まとめ ……………………………………………… 152

第5章　地区計画による容積率緩和がもたらす土地資産価値増大効果の計測 …… 155

- 5-1．都心区型地区計画による容積率緩和効果の特徴と効果計測手法 ……………………………………… 157
- 5-2．神田和泉町地区・地区計画の概要 …………………… 165
- 5-3．地区計画の容積率緩和がもたらす土地資産価値増大効果の計測 ……………………………………… 168
- 5-4．まとめ ……………………………………………… 175

第6章　結論及び今後の検討課題 …… 179

- 6-1．結　論 ……………………………………………… 179
- 6-2．今後の検討課題 …………………………………… 183

【summary】
Characteristics of city planning systems for increasing total floor area ratio and an analysis on increment of land assets value through executing District Planning etc. ···195

あ と が き

序　章

(1) 研究の背景

　建築基準法のいわゆる集団規定は、都市計画区域内等において建築物の形態、用途、接道等について制限を加えることにより、建築物が集団で存している都市の機能の確保や良好な市街地環境の確保を図っている。用途地域に関する都市計画として定められたうえで、建築基準法上の規定から当該都市計画と組み合わせられて適用されることにより、一般的な制限が行われる密度・形態規制として、容積率制限（建築基準法52条）、建ぺい率制限（同53条）、絶対高さ制限（同55条）、道路斜線制限（同56条1項1号）、隣地斜線制限（同56条1項2号）、北側斜線制限（同56条3号）等がある。

　このうち、用途地域に関する都市計画による容積率制限（以下「用途地域による容積率制限」という。）は、建築物の延べ面積の敷地面積に対する割合を制限するものである。一般的な市街地を対象とする容積率制度の導入は、1963年建築基準法改正[1]により創設された容積地区制度による。

　具体的には、「都市の発展に即応する適正な建築物の規模を確保するため」（建設事務次官（1964））、100％から1000％まで100％きざみで容積率を指定する10種類の容積地区が定められた。容積地区内では、前面道路幅員による容積率制限（12m未満の場合、前面道路幅員［m］×0.6）が定められるとともに、絶対高さ制限及び前面道路幅員による高さ制限が適用されないこととされた。また、道路斜線制限は容積地区外と同様にそのまま適用されたほか、新たに地区内に限り隣地斜線制限が導入された。

　なお、後述するように、容積地区制度創設に伴い、それまで100％から600％まで100％きざみであった特定街区の種別毎の容積率メニューが廃止され、その指定の際に、メニューにしばられず、個々具体的に容積率が定め

1

序　章

られることとなり、容積率制限を緩和する制度の先駆けとなった。
　さらに、1968年の新都市計画法制定[2]、1970年の建築基準法改正[3]により、容積率制限は、用途地域に関する都市計画として都市計画区域内に全面的に適用されることになった。すなわち、8つの用途地域毎に指定可能な容積率のメニューが建築基準法上に準備されるとともに、建築物の絶対高さ制限は第一種住居専用地域では10m以下とするほか、その他の地域内では廃止された。また、前面道路幅員による容積率制限がすべての用途地域において、隣地斜線制限は第一種住居専用地域以外の用途地域において容積地区による制限と同様の規定が適用されることとされた他、新たに第一種及び第二種住居専用地域において北側斜線制限が適用されることとなった。さらにこれと併せて、容積地区及び空地地区が廃止された。
　このようにして導入された用途地域による容積率制限は、建築物の密度を規制することにより、建築物に係る諸活動が道路、公園、下水道等の公共施設に与える負荷と公共施設の供給・処理能力の均衡を図る（以下「公共施設負荷を調整する」という。）とともに、建築物の空間に対する占有の度合いの増大を抑える（以下「空間占有度を制御する」という。）ことを通じて、市街地環境を確保することを目的に定めるものと解されている。また、自動車交通に係る発生集中量等建築物が公共施設に与える負荷が一般的には建築物の延べ面積に相関して増加すること、敷地面積に対して延べ面積の大きな建築物であるほど空間の占有度合いが一般には大きく、周辺の環境に与える影響も大きいとみられることから、建築物の密度を規制する方法として、容積率についての規制を行うことは合理性があるものと解されている。しかしながら一方では、近年、景気対策としての土地流動化の必要性、規制緩和の要請等が指摘される中、容積率制限のあり方に係る問題点の提起がなされ、緩和論から撤廃論に至る様々な議論がなされている状況にある[4]。
　一方では、用途地域による容積率制限導入以降、これを補完するものとして、一定の条件の下で用途地域による容積率制限等を緩和する制度（以下「容積率制限等緩和型制度」という。）が創設・導入されていった。容積率制限等緩和型制度とは、建築基準法、都市計画法等における用途地域による容積

序　章

率制限は公共施設に対する負荷を調整するとともに、建物による空間占有度を制御することを通じて市街地環境を確保するために定められているという基本認識の下で、公共施設が整備済みである、又は確実に整備が見込まれるなど一定の要件が満たされることで公共施設への負荷を調整するとともに、有効な空地の確保等による市街地環境の整備・改善への貢献に応じて、用途地域による容積率制限を緩和するとともに、斜線制限等をも緩和することを可能とする制度である。その意義は、通常、次のように解されている。

　すなわち、特に東京等の大都市地域においては、ひとたび用途地域による容積率制限が導入されると、地価水準の上昇とともに、地主にとって容積率が経済価値化し、このため、特定の地区を対象として指定容積率を変更することは、公共施設の整備等特別の理由が存しないかぎり、権利制限についての公平性担保を欠くおそれがあるという観点から実務上困難になる場合が生じ、結果的に、機動的運用が困難になり、極めて硬直的な制度となった。

　また一方、容積率制限の弊害とはいえないが、大都市地域等における既成市街地で道路、公園等の公共施設が未整備なまま市街化が進展し、建築物が建ち並ぶなかで、市街地環境が規制により確保される最低限のレベルにとどまるような場合が見られた。

　このような用途地域制を中心とする現行土地利用規制制度の限界を補完する手段として導入されたのが、容積率制限等緩和型制度である。同様の問題は米国においても発生した。このため、ゾーニングの改良として、それを穴抜きするPUD（Planning Unit Development）やインセンティブ・ゾーニングを初めとする様々な容積率制限等緩和型制度が導入されていった[5]。

　現行の密度・形態規制制度の体系における容積率制度は、用途地域による容積率制限及びそれを補完する容積率制限等緩和型制度が一体となって構成されている。また容積率等緩和型制度における緩和の根拠も、用途地域による容積率制限のそれを踏襲したものであることは、後に論じるとおりである。このため、容積率制度の今後のあり方を探る場合には、これらを一体として捉え、検討する必要がある。

　なお、本書では容積率緩和型都市計画制度という用語を使用している。こ

3

序　章

の用語で総括している各種制度は、容積率制限緩和の代替措置として、公開空地の確保や他の形態制限の強化等を要件としており、その限りにおいて容積率制限等の一方的な緩和ではなく、そのような代替措置を前提とした容積率制限等の適正化であるとも理解しうる。

しかしながら、本論文では、用途地域により課せられる容積率制限（前面道路幅員による容積率制限を含む）を緩和するという意味で、容積率緩和型都市計画制度という用語を使用している。

(2)　研究の目的と方法

本書の目的は、近年、東京都心区の既成市街地などで、住宅確保、空地・通路の整備、街並み景観の形成などを通じた市街地環境の整備・改善を図るために積極的に活用されている容積率制限等緩和型地区計画制度、特に用途別容積型地区計画制度及び街並み誘導型地区計画制度を対象として、容積率制限等を緩和する理論的根拠を検討し、このような制度の創設が可能となった理由を解明するとともに、これらの地区計画策定による効果を実証的に分析することにある。

東京等の大都市地域における都心部及びその周辺部の既成市街地では、住機能と商業・業務機能が混在した地区で、住宅すなわち夜間人口が急激に減少したため、不均衡な都市構造が形成された地区があることが指摘されている。その一方で、建物の老朽化が進んだものの、道路等公共施設整備が不十分なために、円滑な建替が進まず、住環境、防災性、景観等の問題を抱えている地区も多いとされている。

この中で、いわゆる用途別容積型地区計画制度及び街並み誘導型地区計画制度は、うえのような大都市地域における既成市街地の問題に対処するための都市計画・建築規制的手法として創設されたものである。近年、特に東京都心区等において、用途別容積型地区計画制度及び街並み誘導型地区計画制度を併用した地区計画制度（以下「都心区型地区計画制度」という。）が積極的に活用されているのは、他の容積率制限等緩和型制度に比較して、容積率制限等緩和の要件が比較的緩やかであり、かつ、地方公共団体が弾力的・機動

的に運用することも可能であり、このため地権者等住民にとっての計画策定によるインセンティブも高いためと考えられる。

　このため、この論文では、次の2つの事項を解明する。

　第1に、これら制度が創設された経緯、具体的には当時の社会的背景や国会における審議内容等に加えて、法令上の規定及び通達等による運用上の基準を分析することによって、制度創設の目的と容積率制限を緩和する理論的根拠を解明するとともに、他の容積率制限等緩和型制度に比較して、容積率制限等緩和の要件が比較的緩やかであり、かつ、地方公共団体が弾力的・機動的に運用することも可能である制度であることを提示したうえで、それにも拘わらず、市街地環境の整備・改善に資することが制度上の要件によって担保された制度として創設されていることを明らかにすることである。併せて、このような制度が創設された背景として、これら制度の創設以前に導入された地区計画における容積率制限等緩和型制度の限界を明らかにし、これら制度の目的を明らかにした。

　第2は、このような都心区型地区計画策定が地権者や居住者にもたらす効果を実証的に計測し、地権者等住民にとっての計画策定によるインセンティブが高いことを解明する。都心型地区計画を含む地区計画制度は、案の作成段階での地域住民の意見の聴取の義務化、計画内容を建築基準法上の規制内容とするための市町村議会による条例の制定等他の都市計画制度と比較して、より地域住民の意見の反映を求める仕組みとなっている。また、昭和55年の制度創設以降、全国で3,208地区、85,575 ha（平成12年3月末現在）の実績を有するものの、都市計画区域面積の0.9％、用途地域面積に占める割合でみても4.7％にすぎない。換言すれば、現時点では、まだごく一部にとどまる用途地域の通常の制限に加えた規制ないし規制の緩和である。従って、地区計画等の策定にあたっては、通例の都市計画以上に地区計画策定の効果を地域住民に説明し、理解を求める必要がある。このため、地区計画等が策定された場合、地域に与える影響は種々の内容が考えられるが、極力明確に、かつ、定量化できるものは極力定量的に地域住民に説明することが重要である。都心型地区計画に関しても、同様のことが言えるが、都心型地

序　章

区計画の目的を踏まえると、一定条件下における容積率の緩和により、土地の有効利用が促進され、建替の促進と住宅の供給が行われ、市街地の環境も改善されることを十分説明することが必要不可欠である。本書はそのような視点に基づき、定量化可能な指標の一つとして都心型地区計画の策定の土地資産価値増大効果に着目した。具体的には、都心区型地区計画が策定されれば、地権者が利用可能な容積率が増大するとともに、計画事項に適合した建替が漸次的に積み重ねられることによって、通路・空地等の空間が整備され、統一的な街並み景観が形成されることを通じて、居住者の効用は増大し、これらを通じて地権者にとっての土地経営の期待収益は増大するという仮説を、ヘドニックアプローチを活用した地区計画による土地資産価値変動効果分析によって検証する。

(3)　今までの関連研究の概観

従来、容積率制限に関しては、(1)建築物の密度規制を容積率制限によって行うことの合理性に関する理論的研究として、代表的研究に高山（1949）、入沢（1952）が、(2)用途別の建物床が自動車交通の発生集中交通等により公共施設に与える負荷に関する実証研究として、代表的研究に伊藤（1964）、山崎（1980）があった。

一方、容積率制限に関する制度の変遷から、容積率制限の根拠等を研究したものとしては、大方（1987，1989）、林田（1992）、浅見（1994）があった。

この中で、特に大方（1987）は、日本では従来、建築物の密度規制が市街地建築物法（1919年）の時代には絶対高さ制限（住居地域は20ｍ以下、その他は31ｍ以下）及び建ぺい率制限とによってなされてきた中での容積率制度導入の背景を、(1)高山(1949)による建物密度研究を嚆矢とし、街路、自動車交通と容積との関係や、公園と容積に係る関係についての実証研究の蓄積を通じて確立された、容積率制限こそ建築密度コントロールの合理的な手段とする理論の確立、(2)戦災地区復興、再開発推進、新規住宅地開発等多くの課題に直面した日本が、西ドイツ建設法典におけるBプラン（地区詳細計画）等諸外国における地区レベルの総合的な詳細計画制度に触発され、希

求した総合的地区開発制度の要請、(3)構造解析技術の進歩、高速エレベータ開発等高層ビル建築技術の進歩等を背景とした絶対的高さ制限撤廃の要求の3点にもとめるなど、容積率制限導入の理論的背景を丹念に分析している。しかしながら、これらの研究は、容積率制限導入時点までの研究に留まっている。

さらに、容積率制限等緩和型制度に関しては、個々の制度創設の背景、意義を論じたものとしては、水口（1992）、簑原（1992）が、制度変遷の経緯や制度の体系について論じたものとして石田（1992）、柳沢（1997）がある。

また、都市計画の体系を「計画許可型」（イギリス）、「ゾーニング型」（アメリカ、日本）、「地区詳細計画型」（西ドイツ）と3つに大別した上で、ゾーニング制度下における容積率制限等緩和型制度の導入の経緯とその功罪について論じたものとして大方（1989）がある。

本研究はこれらの先行研究を踏まえて、都市計画法、建築基準法における容積率制限の理念と意義及び用途地域による容積率制限を補完するものとして導入された容積率制限等緩和型制度の類型を明らかにしたうえで、用途別容積型地区計画制度及び街並み誘導型地区計画制度の位置付けと特色を明らかにしたものである。

また、地区計画策定の効果は、土地資産価値の増大に着目してヘドニック法により測定することが可能と考えられるが、このような先行研究はこれまでにはない。

例えば、肥田野他（1995）は、利用可能容積率増大による資産価値増大効果について計測した。しかしながら、利用可能容積率の増大は、地区計画策定により土地資産価値を増大させる要因の中で、最大の要因かもしれないが、唯一の要因ではない。このため、複合的かつ誘導的な効果を有する地区計画策定による効果を、利用容積率増大による土地資産価値増大によって計測することは過小又は、過大な評価となる。一方で、複合的な効果を有する面的都市整備事業による効果の計測に係る研究としては、肥田野他（1990）、建設省都市局他（1998）、建設省住宅局（1998）があるが、このような効果計測手法を地区計画策定効果に適用することはできない。事業実現担保措置の

序　章

ない地区計画策定自体による効果を、地区計画策定後、地区内のすべての建築物が計画事項に適合した建築物に建て替わり、意図した街並み景観形成や公共的空間の整備が実現するとの前提条件のもとで評価するのは、過大評価となるためである。

(4) 本書の構成

本書は序章及び6つの章から構成されている。

序章では、本書の構成、研究目的及び意義について論じた。

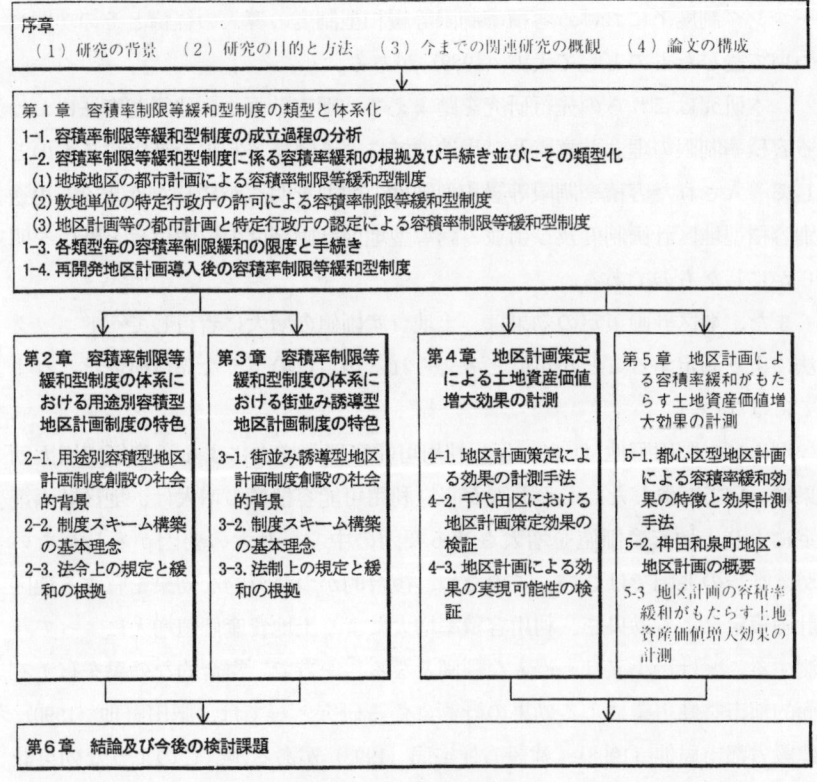

図　序-1　全体構成

序　章

　第1章では、建築基準法、都市計画法等における容積率制限等緩和型制度の導入の経緯を整理するとともに体系的に分類し、その体系における用途別容積型地区計画制度及び街並み誘導型地区計画制度の特色を明らかにした。
　すなわち、容積率制限等緩和型制度は大きく3類型に分類される。第1は、公共施設への負荷調整及び空間占有度の制御のための措置を地域地区に係る都市計画決定という手段によって担保し、建築確認時点で緩和された容積率制限を用途地域による容積率制限とみなす等によって容積率制限等を緩和する制度で、特定街区制度及び高度利用地区制度がある。第2は、特定行政庁が、建築審査会の同意を得て建築計画上の担保措置を許可する際にみきわめることによって容積率制限等の緩和を行う制度で、総合設計制度がある。第3が、地区計画等に係る都市計画決定を条件として、特定行政庁が認定することによって用途地域による容積率制限を超える容積率を適用するとともに、建築審査会の同意を得た特定行政庁の許可によって斜線制限等も緩和する制度で、再開発地区計画制度がその典型である。
　用途別容積型地区計画制度及び街並み誘導型地区計画制度は、基本的には第3の類型に位置づけられる。第1、第2の類型とは異なり、具体的な建築計画の存在を前提としなくても適用可能であるため、既成市街地において地区計画の計画事項に則した建替を誘導し、市街地環境の整備・改善を図るための制度であると性格づけられる。しかしながら、用途別容積型地区計画制度は、特定行政庁の認定なしに確認段階で容積率制限の緩和が可能であるし、街並み誘導型地区計画制度は特定行政庁の認定によって斜線制限も緩和することが可能である。この意味で、第3の類型の中でも特異な制度となっている。

　第2章では、用途別容積型地区計画制度創設の目的及び容積率制限を緩和する理論的根拠について検討し、このような制度創設を可能とした理由を解明した。
　すなわち用途別容積型地区計画制度は、都市部の既成市街地のうち公共施設の整備状況が比較的良好な地区を対象として、個別の建築行為の誘導によ

序　章

り住宅供給を含めた市街地環境の整備・改善を図る制度として創設された。裁量の余地が少ない都市計画決定＋確認という明解かつ簡便な手続きにより住宅用途に対する容積率緩和を実現し、しかも計画要件としては、新たな公共施設整備が要請されず、市街地環境担保のための空地確保を地区全体で計画的かつ効率的に行えるため、結果として機動的・弾力的運用が可能な制度として設計されている。

　さらに、このように手続きにより容積率制限の緩和が可能となった理由は、住宅の発生集中交通量は他の用途に比較して小さいという知見にあり、これを踏まえた用途別容積率の指定という新たな公共施設負荷調整手法が法令上で担保されたためであることを明らかにした。

　第3章では、街並み誘導型地区計画制度創設の目的及び容積率制限を緩和する理論的根拠について検討し、このような制度創設を可能とした理由を解明した。

　すなわち街並み誘導型地区計画制度は、都市部の既成市街地のうち公共施設の整備が不十分な地区をも対象として、都心居住推進及び都市の防災性向上という課題にも資するため、市区町村の創意工夫と地域住民の主体的な参画により、市街地環境の整備・改善を図っていくための制度として創設された。

　同制度は、公共施設の整備が不十分である一般的な既成市街地においても、建築物の用途・容積・形態を、公共施設整備状況とのきめ細かなバランスを保ちつつ総合的にコントロールすることにより、良好な市街地環境を確保することを法令上の規定によって担保した制度である。このために、地権者に対して十分なインセンティブを付与しつつ、個別の建築活動の誘導によって、地域特性を生かした市街地像を実現する制度の創設が可能となったことを明らかにした。

　一方、第4章及び第5章では、これら都心型地区計画策定が住民にもたらす効果を計量的に計測する手法について検討した。

　都心区型地区計画が策定されれば、居住者の効用は高まり、地権者にとっ

序　章

ての土地経営の期待収益は増大する。その効果は土地資産価値増大に帰着するため、ヘドニック法を適用し、地価関数を推計することによって、その効果を実証的に計測することが可能である。

　しかしながら、従来、面整備事業の効果計測等で用いられてきたヘドニック法による計測手法をそのまま適用することはできない。何故ならば、公共事業や組合再開発等の強制力を有する面整備事業であれば、事業実現性や実現時期に確実な担保がある。このため、推計した地価関数の説明変数に、整備事業実現時点での地点特性を代入することにより、将来地価を予測することが可能である。しかしながら、地区計画の指定による景観形成や通路、空地等の整備は、実現担保措置がない。地区計画は、あくまで民間の建築活動の規制・誘導が主たる目的であり、事業の実現性やその時期に係る不確実性は高い。このため、事業実現担保措置のない地区計画策定自体による効果を、地区計画策定後、地区内のすべての建築物が計画事項に適合した建築物に建て替わり、意図した街並み景観形成や公共的空間の整備が実現するという前提条件のもとで評価することは過大評価となる。

　このため、第4章では、地区ダミー変数を導入した地価関数の推計による効果計測手法について検討し、千代田区における都心区型地区計画策定地区における地区計画策定効果を試算した。

　具体的には、地区計画が策定された地域とそれ以外の地域の双方を含む地域を対象として、地価及び地点属性データを収集したうえで、説明変数として地価調査地点が策定地域内である場合に1、地域外の場合に0の値をとる地区ダミー変数を含めた地価関数を推計する方法である。この時、地区ダミー変数の係数には、地区計画策定の有無のみならず、採用された地価説明要因以外の地区属性による影響が含まれている可能性がある。このため、地区ダミー変数の係数が有意な値として推定されたからといって、直ちに、それを地区計画策定による効果とすることはできない。ただし、まだ地区計画が策定されることもなく、また将来において地区計画が策定されることも予想されていなかった過去の時点での地価関数を推計し、その時点での地区ダミ

序　章

一変数が地価を説明する有意な要因でないことを検証できれば、地区計画策定時点での地区ダミー変数の係数が地区計画策定による効果であることの蓋然性は高い。

　千代田区では、1998年現在、10地区において都心区型地区計画が計画決定済み又は計画手続き中である。うえの方法によってこれら地区での地区計画策定による土地資産価値増大効果を試算したところ、これら地区では他の地区に比較し、土地資産価値が約15万円／㎡（1998年）増大していることが明らかになった。

　第5章では、別のヘドニックアプローチによる地区計画策定効果の計測手法を検討した。

　すなわち、都心区型地区計画策定による土地資産価値変動効果は、(a)当該敷地の利用可能容積増大による高度利用効果、(b)隣接敷地の利用可能容積率増大による環境効果及び(c)地区全体の計画的市街地更新による環境効果から構成される。(c)は地区内の全敷地に対してほぼ一律の効果をもたらすが、(a)及び(b)の大きさは個別の敷地毎に異なる。

　このため、地区計画策定地区内だけの敷地を対象として、従前利用可能容積率及び緩和容積率の双方を説明変数として採用した地価関数を推計するというヘドニックアプローチにより、(c)の効果を捨象した(a)+(b)だけの効果すなわち都心区型地区計画による容積率緩和がもたらす土地資産価値増大効果を計測することが可能となる。

　うえの方法によって、神田和泉町地区を対象として地区計画策定による土地資産価値増大効果を試算した。その結果、地区計画による緩和容積率は土地資産価値を増大させる有意な要因であって、緩和容積率により同地区内の資産価値は約8.3％（1997年）増大していることが明らかとなった。

　第6章では、本研究で得られた成果を総括するとともに、今後の研究課題を摘出した。

序　章

注
(1) 建築基準法の一部を改正する法律（1963年7月16日法律第151号）、建築基準法施行令の一部を改正する政令（1964年1月14日政令第4号）及び建築基準法施行規則の一部を改正する省令（1963年1月14日建設省令第1号）、1964年1月15日施行。
(2) 都市計画法（1968年6月15日法律第100号）、都市計画法施行令（1969年6月13日政令第158号）、一部規定は公布日、その他規定は1969年6月14日施行。
(3) 建築基準法の一部を改正する法律（1970年6月1日法律第109号）、1971年1月1日施行。
(4) 代表的なものとして経済審議会行動計画委員会（1996）がある。
(5) 詳細は、日端（1988）参照。

参考文献
浅見泰司（1994）「土地利用規制」『東京一極集中の経済分析』日本経済新聞社
石田頼房（1992）「緩和型都市計画と土地利用計画体系の計画論的問題」都市計画 177号
伊藤滋（1964）「銀座・日本橋地域における建物容積と発生交通容量」都市計画 42号
入沢恒（1952）「容積地域性とそれに関係ある二三の問題」建築雑誌 9号
大方潤一郎（1987）「容積地域性の成立経緯と容積率指定の根拠について」日本不動産学会昭和62年度秋季全国大会（学術講演会）梗概集
大方潤一郎（1989）「ゾーニング体制下の市街地デザインのコントロール手法の展開とその論理」都市計画 161
経済審議会行動計画委員会（1996）『土地・住宅ワーキンググループ報告書』
建設省住宅局（1998）『住宅市街地総合整備事業の評価手法検討調査』
建設省都市局・住宅局（1998）『市街地再開発事業の効果の推計』
高山英華（1949）『都市計画よりみたる密度に関する研究』
濱口武、小林重敬（1991）「大都市における都心居住確保のための規制・誘導手法に関する研究」第26回日本都市計画学会学術研究論文集
林田康孝（1992）「容積制の変遷と容積率指定を巡る諸問題」『平成4年度建築研究所春期研究発表会聴講資料』
日端康雄（1988）『ミクロの都市計画と土地利用』学芸出版社

13

序　章

肥田野登・武林雅衞（1990）「大都市における複合交通空間整備効果の計測」土木計画学研究・論文集、No. 8

肥田野登・山村能郎・土井康資（1995）「市場データを用いた商業・業務地における地価形成および変動要因分析」都市計画学会学術研究論文集、No. 30

水口俊典（1992）「再開発地区計画制度創設の経緯と今後の課題」都市計画177号

簑原敬（1992）「再開発地区計画制度とは何であったのか」都市計画177号

柳沢厚（1997）「容積インセンティブ手法の系譜と今後」都市住宅学17号

山崎俊一（1980）「容積規制と都市計画道路要領」都市計画112号

第1章　容積率制限等緩和型制度の類型と体系化

　本章では、容積率制限等緩和型制度の成立過程、各々の制度の法令上の規定及び併せて通達等により定められた運用上の基準を分析し、緩和の根拠と理念を整理するとともに、その中で、1990年に導入されたいわゆる用途別容積型地区計画制度及び1995年に導入された街並み誘導型地区計画が、他の容積率制限等緩和型制度にない特色を有していることを示す。

1-1. 容積率制限等緩和型制度の成立過程の分析

　いわゆる容積率制限等緩和型制度は1961年の特定街区制度の創設に端を発し、経済社会条件の変化に対応し、制度の拡充強化が行われてきた。
　以下これら制度の成立過程について示す。

(1) 1961年特定街区

　特定街区制度は1961年建築基準法の改正で創設された。特定街区内では31mの絶対高さ制限は緩和され、代りに容積率制限が適用される。第1種（100％）から第6種（600％）までのメニューが準備されたが、当時の31mの絶対高さ制限のもとでも1000％は実現できたので必ずしも当初は容積率制限緩和のための制度ではなかった。

　1960年に旧西ドイツのBプラン（地区詳細計画）が創設された。特定街区は同様の地区詳細計画を建築物の形態規制に関して導入することを当初意図した（北畠照躬談（財ベターリビング理事長、当時の建設省担当者））が、制度的に特定の敷地の容積率を極端に低く（100％）したり、極端な高さ制限をすることも可能であるため、土地所有権とのバランスを保つため、特定街区の決定には街区内の土地所有者等全員の同意を要することとされた。このため、当初の意図とは異なり、結果として建築計画の見通しがつく一体的街区

第1章　容積率制限等緩和型制度の類型と体系化

の整備に当り活用される制度となった。

　1963年に、容積地区制度が創設され、本格的に容積率制限（100％～1000％）が導入されるのに伴い、特定街区制度における容積率メニュー（100％～600％）は廃止され、自由に都市計画を決定しうることとされた。

　これにより、特定街区制度は一体的街区の整備に際し、詳細な建築計画を前提に、公開空地の確保等による市街地環境上の貢献を条件に用途地域による容積率制限及び高さ制限を緩和する容積率制限等緩和型制度としての位置付けが明確になった。

　その後、特定街区の適用に関し、容積率制限の緩和の対象及び緩和の上限に関し、各時点時点での経済社会の要請に基づき数次の見直しが行われた（表1-1）。

　この見直しの基本的な方向は

　① 容積率制限緩和の対象の拡大

　当初公開空地の確保が容積率制限緩和の唯一の対象であったが、その後住宅の確保、公益施設の確保、歴史的建造物の保存等に拡大していった。

　② 容積率制限緩和の上限の引き上げ

　容積率制限緩和の限度は、例えば1964年の特定街区計画標準では1000％の基準容積率の場合の割増の上限は1.2倍であったが、その後土地の高度利用への要請が強まるに従い、例えば1995年には基準容積率の2倍かつ500％増以内と緩和の上限が引き上げられた。

　③ 地方公共団体の自主性の拡大

　当初は建設省の運用通達が事実上都市計画決定の基準的取り扱いとして全国ほぼ画一的に運用されたが、地方分権の流れの中、容積率制限緩和の対象の拡大とあいまって、1995年には基準ではなく地方公共団体の運用の目安に改められ、地方公共団体の自主性が拡大した。

　このような特定街区の運用に係る変化は容積率規制及び容積率制限の緩和の在り方に関し次のような問題を提起した。

　①⑦容積率制限の目的に係る従来の一般的合意が、公共施設に対する負荷の調整と建物による空間占有度を制限することを通じての市街地環境の確保

第 1 章　容積率制限等緩和型制度の類型と体系化

表 1-1　特定街区制度の沿革（容積率に係る事項）

昭和36年	●特定街区制度の創設（建築基準法第59条の2） ・都市計画上、市街地の整備改善を図るため必要がある場合、改良地区（住宅地区改良法）、防災建築街区（防災建築街区造成法）その他建築物及びその敷地の整備が行われる地区又は街区について、都市計画の施設として、その街区内における建築物の高さの最高限度及び壁面の位置の制限を定めて、別表に定める特定街区を指定することができる。 ※容積率は、第一種特定街区：100％～第六種：600％ 　特定街区計画標準を制定（昭和37年6月）
昭和38年	●容積率を計画事項に追加（建築基準法第59条の3） ・都市計画上市街地の整備改善を図るため必要がある場合、改良地区（住宅地区改良法）、防災建築街区（防災建築街区造成法）その他建築物及びその敷地の整備が行われる地区又は街区について、都市計画の施設として、その街区内における建築物の容積率並びに建築物の高さの最高限度及び壁面の位置の制限を定めて、特定街区を指定することができる。
昭和39年	○特定街区計画標準の改正 　第九種又は第十種容積地区：基準容積率(900％、1000％)に対し最高1.2倍 　第一種～第五種空地地区　：基準容積率（20％～60％）に対し最高1.7倍 　いずれも、有効空地率と基準建ぺい率により、示された算出方法をもとに、容積率の倍率が定まる。
昭和43年	●都市計画法に地域地区の一つとして規定（都市計画法第8条） ・市街地の整備改善を図るため街区の整備又は造成が行われる地区について、その街区内における建築物の延べ面積の敷地面積に対する割合並びに建築物の高さの最高限度及び壁面の位置の制限を定める地区 ※計画標準は昭和39年を適用
昭和59年	○計画標準の弾力的運用通達 　以下の場合、基準容積率の1.5倍以内かつ200％増の範囲内で割増を認める。 ・再開発方針に即して住宅等の用途に供する場合 ・地域の整備改善に広範囲に寄与する施設を設ける場合 ・歴史的建造物等の保全・修復をあわせて行う場合
昭和61年	○新たな特定街区指定標準の制定（昭和39年及び59年の通達を廃止） 　高度利用を図る計画が定められている数ha以上の地区において、基盤条件等が改善されるもの：　基準容積率の1.5倍以内かつ300％増以下 　水面、緑地等に囲まれているなど特に独立性の高い相当規模以上の地区： 　　　　　　　　　　　　　　　　基準容積率の1.5倍以内 　その他、有効空地率と基準容積率で定まる倍率に、敷地条件、建築物の用途、などにより上乗せ：　基準容積率の1.5倍以内かつ200％増の範囲内
平成7年	○指定標準を目安化・割増上限の目安を引き上げ 　昭和61年指定標準の考え方に、住宅市街地の開発整備の方針、市町村マスタープラン等において住宅の立地誘導を図るべき地区として位置づけられた区域等で、一定割合以上を住宅の用に供する場合： 　　　　　　　　　　　　　　　基準容積率の2倍かつ500％増の範囲内

●：法律改正事項　　○：通達（通達改正）事項

第1章　容積率制限等緩和型制度の類型と体系化

であるとすると、なぜこれらの目的と関係のない公益施設の確保や歴史的建造物の保存を理由に容積率制限の緩和が行いうるのか。

また、公開空地はある程度公共施設の代替をするとしても公共施設の整備を伴わず特定街区が連担し、容積率制限の緩和が行われたような場合、公共施設が不足し、地区レベル、都市レベルでの整合性の確保が図られなくなるのではないか。

②㋑そのような裁量性の高い容積率制限の緩和を極めて限定的な街区内の土地所有者等全員の同意と通常の都市計画決定手続きのみで行っていいのか。

③㋒地方公共団体と街区内の土地所有者等に委ねられたそのような大きな裁量性は結果として地方公共団体の制度運用を困難にし、制度の適正な活用が困難になるのではないか。

このような問題提起は、特に上記①、②に係る問題提起は、1970年に導入された総合設計制度に関しても提起され、又、今日においても議論が継続している。

特定街区の実績（1998年3月31日現在）
全国 102 地区　　（うち東京都 53 地区）

(2) 高度利用地区

1969年都市計画法改正で創設された。当初は容積率の最低限度及び建築面積の最低限度を定めるものであり、用途地域による容積率制限の緩和を行う制度ではなかったが、1973年都市再開発法改正に伴う都市計画法及び建築基準法の改正により、容積率の最高限度、建ぺい率の最高限度及び必要な場合における前面道路沿いの壁面の位置の制限を定めることとなり、容積率制限等緩和型制度の1つとなった。

高度利用地区は特定街区同様、高度利用地区の都市計画により用途地域による容積率制限を上回る容積率の最高限度を決めることにより容積率の緩和を行い、又、建築審査会の同意を得た特定行政庁の許可により斜線制限の緩

第1章　容積率制限等緩和型制度の類型と体系化

和を行う制度である。

　特定街区や総合設計と同じように、用途地域による建ぺい率制限より厳しい建ぺい率制限と前面道路沿いの壁面の位置の制限により空地を確保することを通じた市街地環境上の貢献を理由に容積率の制限等の緩和を行うものである。

　特定街区がその決定に際し街区内の土地所有者等全員の同意を必要としているのに対し、高度利用地区では必要としていない。

　これは、特定街区の目的が市街地の整備改善にあり、旧西ドイツのBプラン(地区詳細計画)の導入を当初意図したことにみられるよう、その後変質するものの、高度利用が必ずしも目的ではない詳細な形態制限を行う制度であり、従って制度的には極めて厳しい形態制限を行いうる制度であるのに対し、高度利用地区はそもそも目的が土地の合理的かつ健全な高度利用と都市機能の更新であることによると考えられる。

　もちろん、現在の高度利用地区では容積率制限の最高限度が定めうるが、目的が高度利用である以上、用途地域による容積率制限を強化することは法的にも想定されていない。しかしながら、この高度利用地区も建ぺい率制限の強化と建築面積の最低限度を定めることから後述するよう結果として市街地再開発事業等一体的な街区整備が行われ、建築計画の見通しがつく地区でのみ大部分活用されることになった。

　高度利用地区に関しても特定街区同様、経済社会の要請に応じその運用の見直しが行われた(**表 1-2**)。その基本的な方向は特定街区同様である。しかしながら、特定街区や総合設計と異なり、高度利用地区は大部分市街地再開発事業等極めて公共性の高いと認知されている公的事業と重複して活用されてきたことから、特定街区や総合設計程その容積緩和の是非をめぐり議論の対象になることは少なかったといえる。

　高度利用地区の実績 (1998年10月31日現在)
　全国　232地区 (うち東京都15地区)

第1章　容積率制限等緩和型制度の類型と体系化

表1-2 高度利用地区の沿革（容積率に係る事項）

昭和44年	●**高度利用地区制度の創設（都市計画法第8条）** ・容積率の最低限度及び建築面積の最低限度を定める。
昭和51年	●**容積率の最高限度、建ぺい率の最高限度等を計画事項に追加** 　　　　　　　　　　　（都市再開発法の改正に伴う都市計画法改正） ○高度利用地区指定標準を策定 　・容積率の最高限度：建ぺい率の制限が基準-10%または-20%の場合　＋50% 　　　　　　　　　　　　　　　　　基準-30%以上の場合　　　＋100% 　　ただし1000%上限、また大都市都心部・副都心以外では600%を超えないこと。基準容積率を超えて最高限度を定める場合は、壁面の位置の制限も定めること。
昭和61年	○指定標準の改正、容積率緩和規定の追加 　・一定の幅員の空地が道路に接して確保される場合　＋50% 　・大都市都心部・副都心以外の上限値を撤廃。
平成7年	○指定標準を目安としての指定指針に改め、容積率緩和規定の追加 　・基準容積率＋300%を上限として緩和。〈＋150%以上は敷地規模規制あり〉 　　従前の指針による緩和に加え、 　　　住宅の立地誘導を図るべき区域における住宅　＋100% 　　　文化施設等の整備　　　　　　　　　　　　＋100%
平成9年	○機能更新型を追加 　高次の都市機能が集積している都市の中心部等で、交通条件が卓越している地区で、地方公共団体が定める誘導すべき用途の建築物については、建ぺい率制限の強化がない場合でも、基準容積率の1.5倍以内かつ＋300%まで、容積率制限の上限を緩和。

●：法律改正事項　　○：通達（通達改正）事項

(3) 1970年総合設計制度

　1968年の都市計画法の制定を受けた1970年の建築基準法の改正により、当初は容積率制限、斜線制限等の個別の制限毎の緩和規定であったものが1976年の建築基準法改正により現行の建築基準法第59条の2にまとめられた。

　個別の建築計画を前提に建築審査会の同意を得た特定行政庁の許可により容積率制限、斜線制限等が緩和される制度である。

　一定規模以上の敷地と当該敷地内における一定規模以上の空地の確保を条件に、容積率制限等の緩和を行う。

　容積率制限緩和の対象は特定街区同様、当初は公開空地の確保であったが、その後緩和の対象及び緩和の上限に関し、各時点時点で数次の見直しが行われた（**表1-3**）。

　この見直しの基本的方向とそれに伴い提起された問題は基本的に特定街区と同じであるが、それに加え、個別敷地を対象にした都市計画決定手続きを経ない特定行政庁の許可による緩和であることから、特定街区以上に都市計画全体の整合性を阻害する恐れがあるという総合設計制度に対するネガティブな意見がある反面、建築審査会の同意は必要なものの特定行政庁の許可という都市計画決定に比較すると実務面でより弾力的機動的手続きであるため、より活発に活用され（全国での累積地域数が特定街区102、高度利用地区232に対し、総合設計は2,172地区である。）、市街地環境の整備改善に貢献しているというポジティブな意見の双方がある。

総合設計の実績（1999年3月31日現在）
　　　合計　　　　　　　　　　　　2,172
　　　市街地住宅総合設計　　　　　 1,386
　　　再開発方針適合型総合設計　　 　753
　　　都心居住型総合設計　　　　　 　 17

第1章　容積率制限等緩和型制度の類型と体系化

表1-3　総合設計制度の沿革

昭和45年	●総合設計制度の創設 ・一定割合以上の空地を有し、かつその敷地面積が一定規模以上の建築物について特定行政庁の許可により、容積率、第1種住居専用地域（現在の第1種、第2種低層住居専用地域）の高さ制限、斜線制限を緩和。
昭和46年	○総合設計許可準則・同技術基準の制定 ・容積率の限度：基準容積率の1.5倍かつ200％増以内
昭和51年	●条文統合 ・法第52条第3項第3号、第55条第1項第3号、第56条第3項を統合して法第59条の2に一本化。
昭和58年	○市街地住宅総合設計制度の創設 ・対象地域：　市街地住宅の供給の促進が必要な三大都市圏等の既成市街地等における住居系地域、近隣商業地域、商業地域、準工業地域 ・対象建築物：　延べ面積の3分の2（昭和61年に4分の1に改正）以上を住宅の用に供する建築物 ・容積率の限度：基準容積率の1.75倍かつ300％増以内
昭和61年	○再開発方針等適合型総合設計制度の創設 ・対象地域：　都市再開発法に規定する都市再開発の方針において定められた地区等内で地区計画等により高度利用を図るべきとされた地区 ・対象建築物：　再開発方針、地区計画等に適合する建築物 ・容積率の限度：基準容積率の1.5倍かつ250％増以内
平成7年	○都心居住型総合設計制度の創設 ・対象地域：　大都市地域における住宅及び住宅地の供給の促進に関する特別措置法に規定する住宅市街地の開発整備の方針において、都心居住の回復を図るため、土地の高度利用により住宅供給を促進することとされた地区 ・対象建築物：　延べ面積の4分の3以上を住宅の用に供する建築物 ・容積率の限度：基準容積率の2.0倍かつ400％増以内 ○自動車車庫の容積率割増 ・対象地域：　商業地域又は近隣商業地域又はこれらの周辺の地域のうち特定行政庁が駐車施設の確保が必要とであると認めて指定した区域 ・対象建築物：　15台以上収容可能な一般公共の用に供する自動車車庫を有する建築物 ・容積率割増：　自動車車庫の部分の床面積の合計に相当する特別の容積率の割増を行う
平成9年	○敷地規模別総合設計制度の創設 ・対象建築物　：敷地面積が一定規模以上の建築物 ・容積率の限度：敷地規模に応じて容積率を割増（ただし、総合設計の区分に応じて各々の限度内）

●：法律改正事項　　○：通達（通達改正）事項

(4) 1980年地区計画

1980年都市計画法及び建築基準法の一部改正により、後の再開発地区計画をはじめとする容積率制限等緩和型地区計画制度の基本となる地区計画が創設された。

1968年の新都市計画法の制定及び1970年の建築基準法の改正により、いわゆる線引き制度と8種類の用途地域による土地利用規制が我国に導入されたが、これらの制度のみでは当時の都市化の著しい我国において十分な機能を果すことができなかった。これらの経緯を記述することは本書の目的ではないが、特に地区計画の決定手続きが後述する容積率制限等緩和型制度の類型と体系化に関し、大きな意味を有することから、当該部分についてのみ記述することとする。

当時の都市計画、建築規制上の問題は大きく分けて2つにまとめられる。

1つ目は、種々の理由により結果として市街化区域面積が過大であり多くの農地をとり込んだことからくる郊外部のスプロールによる劣悪な市街地の拡大の問題である。

2つ目は都市内の比較的良好な住宅地が地価の高騰と相続時における相続税の支払いのため細分化され劣悪な市街地に転換してしまうことである。

このような課題に対し、多くの地方公共団体において、いわゆる町づくり条例、要綱、任意の計画誘導等により地区レベルのきめ細かな街づくり規制（具体的には用途地域制度を補完するための土地利用規制の強化と公共施設整備の誘導）の試行が行われたことは多くの既往研究が示す通りである。

しかしながら、これらの試行は都市計画法、建築基準法等の法的裏付けを持たないことから、その実効性、私権制限としての合法性に関し多くの問題が提起され、それらの問題に応えるため法的な裏付けを有する旧西ドイツのBプラン（地区詳細計画）のような地区レベルの街づくり制度の導入が要請された。

それに応え創設されたのが地区計画制度である。

1961年に創設された特定街区制度が当初1960年に創設された旧西ドイツ

第1章　容積率制限等緩和型制度の類型と体系化

のBプラン（地区詳細計画）の日本版を意図したことは前述の通りである。

　また、地区計画制度創設に当たり、当初から内閣法制局と建設省との間の議論において最大の問題となったのは、その決定手続きである。特定街区ではその決定に当たり、都市計画の案について街区内の土地所有者等の全員の同意を得なければならないことも前述した。

　地区レベルのきめ細かな土地利用規制を目的とすれば、特定街区と同様かつそれ以上のきめ細かな形態制限、更に用途や地区レベルの公共施設を確保するための制限が必要となるが、地区内の土地所有者等の全員の同意を要件とすれば特定街区の轍を踏み、広範な地区に決定することが不可能になる。種々の議論の末、採用された手続きは次の通りである。

　① 　地区計画の案は、区域内の土地所有者等の意見を求めて作成するものとすること（都市計画法第16条第2項、これは他の都市計画には求められていない。）

　② 　地区計画（具体の建築行為の計画事項を定める地区整備計画の区域に限る）の区域内で建築行為を行う場合、建築行為を行う者は届出を要し、市町村長は当該行為が地区計画に適合しないと認める時は勧告することができる（都市計画法第58条の2）。

　すなわち地区計画のみでは勧告止まりであり、勧告に従わなくても罰則はないことから、いわゆる規制ではない。

　③ 　市町村は地区計画（具体的には地区整備計画）内において、建築物の敷地、構造、建築設備又は用途に関する事項で、地区計画の内容として定められたものを、条例でこれらに関する制限として定めることができる。

　但し、上記の制限は特に重要な事項について政令で定める基準に従い行うものとする（建築基準法第68条の2）。

　すなわち地区計画の内容を更に、市町村議会の議決を経て条例化してはじめて建築基準法上の制限となり、罰則付の規制ができるということである。

　かつその範囲は政令（第136条の2の2）で定められており、例えば30％を下回る建ぺい率制限や建築物の形態又は意匠の制限でも色彩に関する制限は建築基準法の制限として条例化できないこととなっている。

第1章　容積率制限等緩和型制度の類型と体系化

　要約すると、① 案の作成段階での地域住民の参画、② 市町村議会のチェック、③ 制限範囲の政令限定の3点セットにより特定街区における地権者等の全員同意を代替したのである。

　このように特定街区とのバランスを踏まえ設けられた手続きではあったが、地区計画制度創設時に導入されたこの手続きはその後の都市計画・建築規制の手続きにおける住民参加、透明性の確保、情報の公開の大きな契機になったと評価しうる。

　その後、後述する再開発地区計画制度を1988年創設するに際し、再開発地区計画区域内の再開発地区整備計画が定められていない区域内の土地所有者が全員の同意により都市計画決定権者に対し再開発地区整備計画の策定を要請できるとする、いわゆる要請制度が導入された（都市再開発法第7条の8の4）。

　この再開発地区計画における再開発地区整備計画の策定要請制度はその後、集落地区計画を除き、一般市街地での活用が想定される全ての地区計画等（地区計画、再開発地区計画、住宅地高度利用地区計画、沿道地区計画及び防災街区整備地区計画）に拡大された。

　更に、このような地区計画等における住民参加等の経験の蓄積、手続きにおける透明性の確保、情報公開の要請の高まり、地方分権等の流れの中で2000年の都市計画法及び建築基準法の改正において、「都道府県又は市町村は、住民又は利害関係人に係る都市計画の決定手続きに関する事項について、条例で必要な規定を定めることができる。」（都市計画法第17条の2）とする規定が導入され、地方公共団体の判断で、都市計画法に既に規定されている手続きと矛盾するものでなければ、自由に住民参加手続き等を付加できることとなった。

　後述する容積率制限等緩和型地区計画に限られたものではないが、地区計画の策定は
　① 当初から地域住民との対話を行いながら案が作成され、
　② 建築基準法上の制限とするためには条例化が必要で、市町村議会の議決を経ることから広範囲の利害関係者に周知徹底することが求められるとい

う他の容積率制限等緩和型制度（特定街区、高度利用地区及び総合設計）にない特色を有することになった。
（特に本書で中心的に扱っている用途別容積型地区計画及び街並み誘導型地区計画では法令上条例の制定が必須である。）

(5) 1988年再開発地区計画

地区計画の導入以後、都市計画・建築規制の分野における中心的なテーマとなったのが、土地の有効高度利用である。その背景として、

① イギリスのサッチャー政権の大胆な民活路線に刺激を受けた民活法（民間事業者の能力の活用による特定施設の整備促進に関する特別措置法）の制定（1986年）にみられる民間活力の活用の必要性に関する議論（民活はその後も今日に至るまで、種々形を変えつつも我国の経済社会制度変革の基調の1つとなり、街づくりの分野に関しては、「民間都市開発の推進に関する法律」(1987年)、「民間資金等の活用による公共施設等の整備の推進に関する法律」(1999年) が導入される。）を背景とした、主として大都市の既成市街地の土地利用に係る規制緩和の要請、

② 経済社会のグローバル化に伴う特に東京の国際金融都市化とそれに伴う膨大なオフィス需要への期待、

が指摘される。

そのような状況の中、国土庁は5年の歳月をかけた首都改造計画を1985年に策定し、都心部で今後15年間に5千haのオフィス需要があるとの見通しを発表した。

一方、我国の産業構造の変化に伴う重厚長大産業の海外移転・縮小に伴い大都市部においては大規模な低未利用地が発生するとともに、国鉄の民営化に伴い、大都市のみならず全国の地方都市においても国鉄精算事業団の売却する大規模未利用地が発生し、このような土地の有効高度利用による都市の再生が都市計画・建築規制の分野でも最大テーマとして注目されるに至った。

このような土地の有効高度利用の要請に対応し、特定街区、総合設計等既

第1章　容積率制限等緩和型制度の類型と体系化

存の容積緩和型制度の運用が大きく変化し、同時に種々の議論が提起されたことは前述の通りである。

そして、主として公共施設の整備と緩和手続きに関する既存制度の限界と問題点を踏まえつつ、大規模な低未利用地の有効高度利用の方策をめぐり多くの議論がなされた（水口（1992）、箕原（1992））。そのような議論の前提となった、対象となる土地及びその開発の特徴は以下の通りである。

① 大規模（敷地や街区の規模でなく地区レベルの広がり（数ヘクタール～数十ヘクタール）を有する。）。
② 土地の有効・高度利用のために必要な公共施設が未整備
③ 大規模であるため全体の開発計画（建築計画を含む）を開発当初に一体的に定めることが困難。
④ 重厚長大産業の跡地の多くが工業地域内にあり、土地利用転換に当り工業地域の用途制限（具体的にはホテル、劇場、病院等の建築禁止）が制約になるとともに、用途地域で指定された容積率はそもそも必要性もなかったことから極めて低い。

このような特徴を有する土地及びその開発に対応するための容積率制限等緩和型制度に求められた要件は次の通りである。

① 大規模であるため従来の特定街区、総合設計、高度利用地区のような街区、敷地単位の制度ではなく地区レベルの対応が求められた。
② 公共施設の不足に対応し、上記の制度で導入されている公開空地や地区計画で導入された主として街区内の居住者等に利用される道路等の公共施設である地区施設を超えた公共施設の整備を誘導することが求められた。
③ 地区全体の方針を前提に段階的に開発を誘導することを可能にする制度が求められた。
④ その一環として公共施設の整備状況や建築計画を含む開発計画の成熟度に対応して段階的かつ機動的に用途制限、容積率制限、斜線制限を緩和できる制度が求められた。

このような要請に対応し導入されたのが、地区計画等における初めての容積率制限等緩和型制度としての再開発地区計画である。

第1章　容積率制限等緩和型制度の類型と体系化

表 1-4　地区計画制度の策定状況　（2000 年 3 月 31 日現在）

	策定市区町村数	地区数	面積
地区計画	697	3,032	82,423 ha
うち用途別容積	5	16	740 ha
うち誘導容積	14	24	469 ha
うち街並み誘導	7	23	631 ha
うち市街化調整区域	60	88	1,778 ha
住宅地高度利用地区計画	10	15	164 ha
再開発地区計画	45[(1)]	121	1,979 ha
防災街区整備地区計画	3	3	85 ha
沿道地区計画	11	28	482 ha
集落地区計画	9	9	442 ha
合計	704[(2)]	3,208	85,575 ha

(注1) 東京都都市計画(区部)における再開発地区計画は都決定のため、市区町村数 1 で整理している。
(注2) 策定市区町村数合計は、複数策定している市区町村があるため、数字の合計とは一致しない。

図 1-1　地区計画等の策定地区数の推移（各年度末）

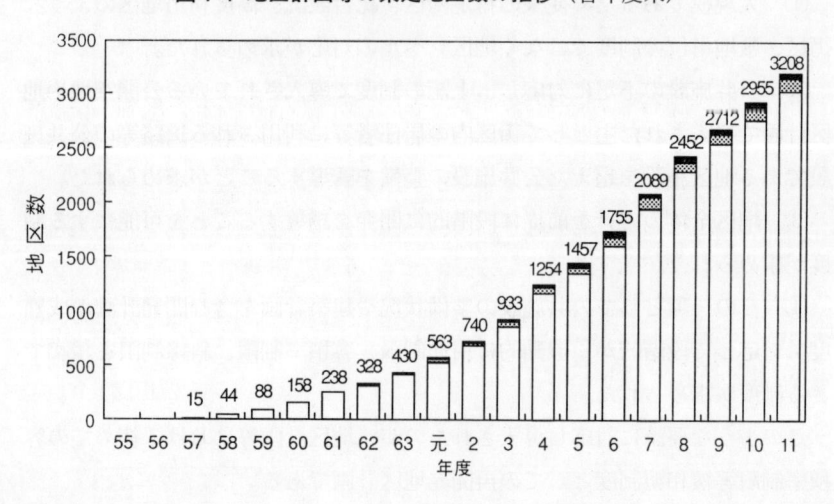

年度	55	56	57	58	59	60	61	62	63	元	2	3	4	5	6	7	8	9	10	11
地区数			15	44	88	158	238	328	430	563	740	933	1254	1457	1755	2089	2452	2712	2955	3208

第1章 容積率制限等緩和型制度の類型と体系化

再開発地区計画は制度の基本を先行した地区計画におきつつ、

① 地区レベルの広がりを有する低未利用地の有効高度利用を支える道路等の公共施設として、都市計画施設と従来の地区施設の中間に位置づけられる公共施設をいわゆる2号施設（都市再開発法第7条の8の2第2項第2号）として導入した。

② 方針と整備計画という2段階構造を地区計画から踏襲し段階的な開発の誘導に対応した。

③ 再開発地区整備計画で用途地域による指定容積を上回る容積率制限を定め、再開発地区計画への適合と計画で定められた公共施設の整備状況等を見極め、特定行政庁の認定により容積率制限を緩和する、いわゆる都市計画と特定行政庁の認定による容積率制限の緩和の方式を初めて導入した。

④ 再開発地区計画の方針適合等を条件に特定行政庁の許可による用途の緩和を建築基準法第48条の規定によらないものとして初めて導入した。

という点が新しい特色として指摘できる。

(6) 1990年用途別容積型地区計画及び住宅地高度利用地区計画

再開発地区計画が導入された1988年前後より、首都改造計画等に刺激されたオフィス需要に対する過度な期待と見通し、金融の過剰流動性を背景とした不動産融資の急拡大により地価の高騰、いわゆるバブルが始まった。

東京、大阪、名古屋等の大都市では、オフィス開発を目的とする地上げによる人口の空洞化が深刻となり、同時に投機による地価高騰はこれら大都市既成市街地における居住コストを急速に引き上げ、人口の空洞化に拍車をかけた。

大都市の既成市街地におけるアフォーダブルな住宅の確保が1990年前後の住宅政策、都市政策の最大の課題となった。

また、併せて市街化区域内農地の虫食い的なミニ開発を良好な中高層住宅地開発に誘導するための制度として住宅地高度利用地区計画が再開発地区計画を基本として創設された。

このような状況を踏まえ、住宅に係る容積率制限を用途地域により定めら

29

第1章 容積率制限等緩和型制度の類型と体系化

れた容積率制限の最大1.5倍まで緩和することを通じ地価負担力の弱い住宅の既成市街地内における立地を促進しようとする用途別容積型地区計画が創設された。

両制度の内容については1-4.で、本書で扱う中心制度の1つである用途別容積型地区計画制度については第2章で詳細に論じることとするが、当時、用途別容積率規制を地区計画の区域内に限らず、より幅広く導入すべきであるという議論があったことが指摘される。

例えば、「大都市地域における住宅供給の促進について（中間報告）」（住宅宅地審議会住宅部会市街地住宅小委員会、委員長：巽和夫、1989年7月）では

「…都心部周辺等の混在型市街地については、都市計画に「住宅インセンティブ・ゾーン（仮称）」を指定することができることとし、当該地域における優良な住宅プロジェクトに係る建築物に対し、個別に建築計画を判断の上、容積率のインセンティブを付与することとする。」（同報告 p.11）

と提案しつつ、地区計画よりもはるかに広範な地域での住宅に関する用途別容積率制限の導入を指向していた。

さらには、その背景として、そもそも用途地域による容積率制限に関してもニューヨークのゾーニングに設けられているような住宅と非住宅の区分に限らない用途別容積率制限を導入すべきであるという議論もあった。しかしながら以下の理由により広範（対象地域及び対象用途）な用途別容積率制限の導入は見送られた。

容積率制限の目的は、公共施設に対する負荷を調整するとともに、建物による空間占有度を制御することを通じて、市街地環境を確保することであるという一般的認識を前提とすると、

① 用途に応じた公共施設に対する負荷の差に関し、客観的なデータが不足していた。

唯一住宅と非住宅の区分で、かつ、自動車交通の発生量についてのみ有効なデータが認知されたに過ぎない。

② 仮に全ての用途地域において住宅の容積を緩和した場合、用途地域制度による形態制限のみで、建物の空間占有度の制御による市街地環境の確保

が行いうるか否かについて確認し得ない。

という2つの限界が指摘された。

(7) 1992年誘導容積型地区計画及び容積適正配分型地区計画

1991年をピークにバブルの崩壊と地価の下落が始まった。バブルの崩壊により大規模な低未利用地を使ったオフィスを中心とする開発は急速に停滞することになった。

都市計画・建築規制の分野におけるテーマも、①都市における居住機能の重視、②大規模低未利用地の有効高度利用から既成市街地の再編整備に、さらにシフトすることとなった。

このような状況に対応し、1992年の都市計画法及び建築基準法の一部改正により、住居系用途地域が従来の3種類（第1種住居専用地域、第2種住居専用地域及び住居地域）から現在の7種類に細分化され、用途地域制度の拡充が行われた。

さらに既成市街地の再編整備を促進するため誘導容積型地区計画及び容積適正配分型地区計画が創設された。

地区施設の不足する既成市街地における地区施設の整備を促進するため、地区整備計画において容積率制限の最高限度を上下2段に分けて定め、地区施設の整備が進んだ場合に高い方の容積率制限を適用するというものである。

又後者は、公共施設が十分整備された市街地において、地区整備計画の区域内における容積の移転を可能とする制度である。

共に用途地域による指定容積率を緩和するものではないが、特に、前者は用途地域による指定容積率の緩和と同時に適用することにより地区施設の整備促進による既成市街地の再編整備のための容積率制限等緩和型地区計画の1つとして位置付けることも可能である。

(8) 1995年街並み誘導型地区計画

1992年の改正以降も都市計画・建築規制の議論の中心は引き続き住宅の

第1章　容積率制限等緩和型制度の類型と体系化

確保、既成市街地の再編整備にあった。

　このような観点から、既存の容積率制限等緩和型制度の限界を踏まえつつ、

　①　公共施設の整備水準が比較的低く、同時に再開発地区計画等で求められたような公共施設の新規整備が困難な既成市街地において

　②　用途地域による指定容積率の範囲内で、但し、前面道路幅員による容積率制限と斜線制限を緩和することにより、

既成市街地の更新を促進し、安全性の向上をはじめとする市街地環境の改善を図りうる制度が求められた。

　このような要請に応え導入されたのが、本論文で扱う中心制度の1つである街並み誘導型地区計画制度である。

(9)　まとめ

　旧西ドイツにおいて1960年にBプラン（地区詳細計画）が創設されたのをうけ、当初地区詳細計画の導入を意図して創設された特定街区制度が容積率制限等緩和型制度に変質し、その後個別敷地を対象にした総合設計制度が1970年に創設された。両制度は制度的には全く異なるものの、その効果は極めて類似しており、その後の経済社会の要請に応え、その運用が変質するとともに容積率制限に関し多くの議論を提起してきた。

　特定街区制度創設の約20年後に旧西ドイツのBプラン（地区詳細計画）に相当する地区計画制度が創設された。

　地区計画制度は大規模低未利用地の有効高度利用に対応するため、容積率制限の緩和について特定街区、総合設計制度について指摘されていた問題点に対応しつつ創設されることとなった再開発地区計画制度という容積率制限等緩和型地区計画制度の下敷となり、その後都市計画・建築規制の関心が大都市における住機能の確保、既成市街地の再編整備に移行するに従い、住宅地高度利用地区計画、用途別容積型地区計画、誘導容積型地区計画、容積適正配分型地区計画、街並み誘導型地区計画が創設された。

第1章　容積率制限等緩和型制度の類型と体系化

　以上、特定街区の創設以降、時々の経済社会の要請に応え、種々の容積率制限等緩和型制度が導入されてきたが、これら制度創設と活用に共通する基本的な背景として用途地域制度の運用に係る問題を指摘することができる。

　序章においても指摘したが、特に東京等の大都市地域においては、ひとたび、用途地域による容積率が指定されると、高地価のもとで、土地所有者にとって容積率が経済価値化する。このため、特定の地区を対象として指定容積率を変更することは、土地区画整理事業の実施、公共施設の整備等、特別な理由がない限り、権利制限についての公平性担保を欠き、土地所有者等に対する合理的な説明が困難であることから、実務的に困難であり、結果として硬直的な運用にならざるを得ないとの指摘がある。例えば、東京都では新都市計画法に基づき1973年に8種類の用途地域の指定が行われて以降平成4年の改正により用途地域の種類が12種類に増加した用途地域に基づく新たな指定を行う1996年までの23年間に計2回の用途地域の一斉見直しを行ったが、各回の見直し面積の用途地域面積に対する割合は1981年4.3％、1989年7.5％と平均5.9％であり、さらに1989年の見直しから、12用途地域に対応した指定が初めて行われる1996年の7年間に一斉見直し以外の見直しにより用途地域の変更が行われたのは0.4％に過ぎず、結果として、用途地域の機動的・弾力的変更が困難であったとの指摘がある。

　このような用途地域の運用の実態を踏まえると同時に、むしろ用途地域による土地利用規制のみで実現される以上の市街地環境の確保を図る手段として、多くの容積率制限等緩和型制度が創設・活用されてきたともいえる。

　従って、今日の我が国の都市計画・建築規制はその見直しに慎重にならざるを得ない用途地域制度とそれを補完する多様な容積率制限等緩和型制度が車の両輪として全体を支えていると評価することができる。

1-2. 容積率制限等緩和型制度に係る容積率緩和の根拠及び手続き並びにその類型化

　各種容積率制限等緩和型制度の成立過程の分析、法令の条文及び通達等における制度運用基準から読みとれる範囲では、容積率緩和型制度は、容積率

33

第1章　容積率制限等緩和型制度の類型と体系化

制限が公共施設の負荷調整及び空間占有度の制御を通じて建築物の密度規制を行うものとの基本認識の下で、これらが用途地域とは別な手続きや手段により担保された場合に、市街地環境の整備改善への貢献に応じて用途地域による容積率制限を緩和するものであると解される。

本節では、1995年までに導入されたこれらの制度を、主としてその緩和手続き、すなわち、イ)容積率制限の上限値を都市計画(用途地域以外の地域地区又は地区計画)で定めるか否か、ロ)具体的な建築行為に当たり特定行政庁がいかなる形で関与し審査するか、といった点に着目し、次の3類型に区分したうえで緩和の根拠等について分析する。

(1) 地域地区の都市計画による容積率制限等緩和型制度

用途地域による密度・形態規制をそれ以外の地域地区の都市計画による規制に置き換え、公共施設負荷調整と空間占有度制御を担保し、容積率制限を緩和する制度としては、特定街区制度(都市計画法8条1項4号、建築基準法60条)及び高度利用地区制度(都市計画法8条1項3号、建築基準法59条)がある。

1) 特定街区制度
① 法令上の規定

特定街区制度は、市街地の整備改善を図るため街区の整備又は造成が行われる地区に、容積率並びに建築物の高さの最高限度及び壁面の位置の制限を定めることにより、これらの制限が課せられるかわりに、用途地域による容積率制限、建ぺい率制限、斜線制限、日影規制等のすべての密度・形態規制が適用されないという効果が生じる制度である。

同制度は、もともとは容積率制限の一般市街地への導入以前の1961年、建築基準法改正[1]により創設された際には、建設大臣が100％から600％まで100％きざみのメニューの中から容積率制限の数値を指定できるもので、容積地区制度の先駆け的な性格を有していた。すなわち、「都市計画上市街地の整備改善を図るための必要があると認める場合に、……防災建築街

区、住宅改良地区、市街地改造事業の施行地区その他建築物及びその敷地の整備が行われる地区又は街区」（建設事務次官（1961））を対象として、「当該街区について土地利用上最も合理的な「延べ面積の敷地面積に対する割合の制限、高さの最高限度及び壁面の位置の制限」を課することによって」（建設省住宅局長（1961））、建ぺい率、絶対高さ制限という一般的制限規定を適用しないこととするものであった。具体的には、具体の開発事業が想定される街区を対象として第一種から第六種まで6つの種別毎に100％から600％まで100％きざみの容積率を建設大臣が指定できるものであった。その後、容積地区制度が導入された1963年の建築基準法改正[2]により、種別の容積率メニューが廃止され、特定街区の指定の際に個別に容積率を定めることが可能となり、現在も存続する容積率制限等緩和型制度として確立された。

② 運用基準

特定街区の運用基準としては、建設省都市局長（最終1995）による「特定街区指定指針」がある。これは当初、特定街区の指定にあたっての原則的な考え方を示すものとして定められ、1995年には「指定にあたって参考とする目安としての指針」とされたものである。

具体的には、イ）おおむね用途地域毎に定められる一定規模以上の面積を有する街区を対象として、ロ）原則として街区を取り巻く道路の幅員が一定以上を有し（「街区が都市計画道路に接する場合又は街区内に都市計画道路がある場合は交通上、安全上、防災上及び衛生上支障がないと認められるときに、当該計画道路を前者の道路と見なす」）、ハ）原則として街区内に面積率20％以上又は（100−建ぺい率［％］）以上の有効空地すなわち「地区の環境の整備に有効な空地で公衆の使用できるもの」を確保した場合に、用途地域に関する都市計画により定められた容積率の最大2倍又は500％以内を限度として、有効空地面積の街区面積に対する割合に応じ一定の数式により算定した数値の容積率が割増をできること等が定められている。

第1章　容積率制限等緩和型制度の類型と体系化

③　緩和の根拠

このように、特定街区制度における容積率制限緩和の根拠は、地域地区の都市計画決定という手続きにより、一定の道路幅員を条件として課すこと等によって公共施設負荷の調整を図るとともに、有効空地の確保により、空間占有度の制御を図ることを担保として、その範囲内で許容される容積率制限の緩和を認めるところにある。特定街区制度は現状、容積率制限等の緩和を行う必要のある街区の整備のため活用されることが多いものであるが、第1節に示したとおり、本来、都市計画により、一般的な密度・形態規制とは別の規制を定め、置き換えることを目的とするものであり、当然、規制緩和ばかりではなく、規制強化をも行いうる。こうしたことから都市計画法（第17条3項）においては、特定街区に関する都市計画の案については区域内の土地所有者等の同意を得なければならないことを定めており、通常の都市計画より一段厳格な手続きを求めているところである。よって建設省が「特定街区指定指針」により示している容積率の指定基準については、あくまでも緩和を行おうとする場合に適用されるものであることに留意する必要がある。

また、三大都市圏においては、用途地域に関する都市計画は、都道府県知事が、建設大臣の同意を得て定めるものであるが、特定街区に関する都市計画は市町村が定めることとされている。特定街区指定基準は、容積率割増の具体的かつ明確な原則を国（建設省）が定めることにより、市町村における機動的運用を可能にしたものと解される。この工夫は、その後の容積緩和型制度に類似の形式として踏襲されている。

2) 高度利用地区制度

① 法令上の規定

高度利用地区は、用途地域内の市街地における土地の合理的かつ健全な高度利用と都市機能の更新を図るため、容積率の最高限度及び最低限度、建ぺい率の最高限度及び建築面積の最低限度並びに壁面の位置の制限を定める地域地区である。建築基準法では、高度利用地区内の建築物については、当該高度利用地区に関する都市計画において定められた容積率の最高限度を用途

地域による容積率とみなして容積率制限を緩和する。

　高度利用地区は、1969年都市計画法改正により創設されたが、当初は、容積率の最低限度及び建築面積の最低限度を定めるものであった。これが、1975年都市再開発法改正[3]に伴う都市計画法及び建築基準法改正により、一般的な市街地における民間の任意再開発等も含めた再開発誘導のため、新たに容積率の最高限度、建ぺい率の最高限度を定めることとされ、必要に応じて壁面の位置の制限を定めることもできる制度となった。建設省都市局長・住宅局長（1976）によると、「建築面積の小さい中高層建築物の規制は可能であっても中高層化のために必要なオープンスペースを確保することは困難であったので」、改正前の高度利用地区は、市街地再開発事業の実施が予定されている区域に関して指定されていたものであるが、この改正により、「必ずしも市街地再開発事業等の事業が予定されていないところでも、高度利用地区の指定によりオープンスペース確保等に関する必要最小限の規制を行うことができる」ようにしたものであり、「その後の建替えを通じて再開発を期待することとした。」とされる。

② 運用基準

　建設省都市局長・住宅局長（最終1997）による高度利用地区指定指針には、都市計画決定にあたり参考とする目安が定められている。具体的には、容積率の最高限度を、用途地域により定められている建ぺい率の最高限度と高度利用地区が定める建ぺい率の最高限度との差の大きさ及び壁面の位置の制限により道路に接して幅員4m以上（歩道と一体的として確保される場合は幅員2m以上）の空地の確保の有無に応じて、最大300％割増するものとして定めることができるとする。

③ 緩和の根拠

　このように、高度利用地区制度による容積率制限緩和の根拠は、地域地区の都市計画決定という手続きにより、土地利用の高度化を図るために必要な幹線道路の整備等により公共施設負荷の調整を図るとともに、建ぺい率制限

第1章　容積率制限等緩和型制度の類型と体系化

の強化、壁面の位置の制限による空地の確保を通じた空間占有度の制御を図ることを担保として、その範囲内で容積率制限の緩和を認めるところにある。ただし実際の高度利用地区の指定状況を見ると、そのほとんどが市街地再開発事業を想定して指定されたもので、土地区画整理事業、住宅街区整備事業に併せて計画決定されているものを除けば、制度改正の趣旨にも拘わらず、一般的な市街地における民間の任意再開発等のための制度として十分に機能しているとは言い難い面がある。

実際、高度利用地区は、1998年3月末現在で、全国752地区において指定されているが、うち、9割以上は重複して市街地再開発事業又は市街地再開発促進区域が都市計画決定されている。

(2) 敷地単位の特定行政庁の許可による容積率制限等緩和型制度

敷地単位の具体の建築計画につき、特定行政庁の許可による手続きにより、公共施設負荷調整と空間占有度制御を担保し、容積率制限を緩和する制度として総合設計制度（建築基準法59条の2）がある。

① 法令上の規定

総合設計制度は、その敷地内に政令で定める空地を有し、敷地面積が政令で定める規模以上である建築物で、特定行政庁が交通上、安全上、防火上及び衛生上支障がなく、かつ、その建ぺい率、容積率及び各部分の高さについて総合的な配慮がなされていることにより市街地の環境の整備改善に資すると認め、建築審査会の同意を得て許可することにより、容積率制限、第一種・第二種低層住居専用地域内の絶対高さ制限及び斜線制限を緩和できる制度で、1976年の建築基準法改正[4]により創設された。建設省住宅局監修（1991）によると、「交通上、安全上、防火上及び衛生上支障がなく」とは、「市街地環境にとって、例えば、大規模な建築物の建設による自動車等の交通の処理、火災時の避難、消火活動、日照、採光、通風等の環境などの観点から支障がないこと」とされている。

同制度は、1970年建築基準法改正[5]において、52条3項3号、55条1項

第1章　容積率制限等緩和型制度の類型と体系化

3号及び56条3項のそれぞれに創設された例外許可規定が、1976年に59条の2として規定が集約整備されたことによって創設されたものである。なお、総合設計という名称は条文中の「総合的な配慮」という表現から付与された通称である。

② 運用基準

特定行政庁が総合設計の許可を行うに当たっての一般的な考え方を示すものとしては、建設省住宅局長（最終1995）による総合設計許可準則及び準則の運用に当たっての技術基準がある。同基準は、容積率割増の根拠としての公開空地の概念を示す。具体的には、原則として、イ）「歩行者が日常自由に通行し、又は利用できる」こと、ロ）最小幅が4m以上（ただし、歩道状公開空地にあっては最小幅が2m以上）であること、ハ）公開空地の面積は、歩道状公開空地である場合を除き、用途地域毎に定められる規模以上であること、ニ）全周の1/8以上が接道していること、ホ）道路との高低差が、6m以内であることを要件としており、特定街区の場合の有効空地よりも厳格な要件を定めている。

また許可による容積の割増は、基準容積率（同法52条1、2、3項の規定による容積率）及び有効公開空地面積による算出式に基づく。有効公開空地面積は、公開空地の属性別（例．道路からの見通し、地盤高、ピロティの有無、位置・意匠・形態等）部分面積に、属性毎に定められたウェートを乗じたものを加算して算出する。

③ 制度運用の拡充

総合設計制度は、建設省住宅局長の定める許可準則の改正により、住宅を一定以上含む建築物について適用する市街地住宅総合設計制度[6]の創設、再開発方針適合型総合設計制度の創設[7]、大都市等で主として住宅で構成される建築物について適用される都心居住型総合設計制度の創設[8]等々の運用上の拡張が図られてきた。さらに、都市の適切な高度利用及び敷地内空地の確保と併せて、周辺の路上駐車を解消し、市街地環境の整備改善と道路交

39

第1章　容積率制限等緩和型制度の類型と体系化

通の改善を図るためにまとまった規模の一般公共の用に供される自動車車庫の部分に対し、一定の範囲内で、特別な容積率の割増を行いうるという考え方も示された。

④　緩和の根拠

このように、総合設計制度は、一定の敷地規模を有する場合、総合的な配慮のもとに設計されれば市街地環境の整備改善に資することができるとの認識の下で、敷地が一定幅員以上の道路に接することを要件に、公開空地の確保に加え、住宅供給、公共駐車場整備等による市街地環境の整備改善への貢献に対して、特定行政庁が建築審査会の同意を得て許可した範囲内で、容積率その他形態制限を緩和するものである。すなわち、容積率制限の緩和の根拠は、建築計画の内容を個別に審査し、公共施設負荷の調整と空間占有度の制御を併せて図ることを担保として、その範囲内で容積率制限の緩和を認めるところにある。例えば、建設省住宅局長（1971 a）は、総合設計制度創設に際し、「市街地環境の整備改善のためには、市街地における環境改善に資する広場、小公園等に準ずる空地を確保することが望まれる。」という基本認識を示すとともに、建設省住宅局長（1971 b）は、制度創設の意義を、「近年、市街地において建築物の中高層化が進行しているが、零細な敷地に小規模な中高層建築物が乱立するという現象を呈しており、長期的な都市資産の形成という立場からみると、必ずしも望ましくない場合が多い」という認識の下で、市街地再開発事業の推進に加え、「任意の民間の建築活動を計画面で誘導することが強く要請されてきた」として、「市街地における環境の改善に資する敷地内空地を確保した大規模建築物の建設を積極的にするため」であると説明する。さらに、「従来、特定街区制度により都市計画上重要な街区についてこのような民間建築活動の誘導が行われてきたが、……、特定街区以外における個々の建築計画について総合設計制度を活用し、誘導再開発の推進を図ることとされたい。」とする。

第1章　容積率制限等緩和型制度の類型と体系化

(3)　**地区計画等の都市計画と特定行政庁の認定による容積率制限等緩和型制度**

用途地域による密度・形態規制を地区計画等の都市計画規制に置き換え、かつ、特定行政庁の認定（法令上の規定は、「…特定行政庁が交通上、安全上、防火上及び衛生上支障がないと認める…」であるが、通例特定行政庁の認定という言い方がされている。以下同様。）により、公共施設負荷調整及び空間占有度制御を担保して容積率制限を緩和する代表的な制度として再開発地区計画制度（都市再開発法7条の8の2、建築基準法68条の5）がある。

① 　法令上の規定

再開発地区計画は、1988年、都市計画法、建築基準法及び都市再開発法の改正[9]により創設された地区計画等の一種である[10]。

再開発地区計画は、名称、位置、区域及び面積のほか、イ）当該再開発地区計画の目標並びに土地利用に関する基本方針その他の当該区域の整備・開発の方針、ロ）都市計画施設及び地区施設以外の道路、公園、広場、緑地その他の公共施設（いわゆる二号施設）の配置及び規模、ハ）地区施設……及び建築物その他の工作物の整備並びに土地利用に関する計画（再開発地区整備計画）等を都市計画として定めるものである。都市再開発法7条の8の2第1項には再開発地区計画の指定の区域要件が、「1　現に土地の利用状況が著しく変化しつつあり、又は著しく変化することが確実であると見込まれる区域であること、2　土地の合理的かつ健全な高度利用を図る上で必要となる適正な配置及び規模の公共施設がない地域であること、3　当該区域内の土地の高度利用を図ることが、当該都市の機能の更新に貢献すること、4　用途地域が定められていること」と定められている。その効果には、地区計画と同様のもののほか、一定の建築行為に対して、用途地域に関する都市計画により定められた容積率制限、斜線制限等の緩和ができるという効果がある。具体的には、1)一定の建築物の建築等に届出・勧告制が適用される（都市再開発法7条の8の3）、2)再開発地区整備計画において用途地域による制

限を強化する内容を定め、その内容を条例で定めることにより、建築確認の基準とすることができる（建築基準法68条の2）、3)開発許可を要する行為については、その基準に、予定建築物等の用途又は開発行為の設計が再開発地区計画に定められた内容に即したものであることが追加される（都市計画法33条1項5号）。

緩和に関しては、再開発地区整備計画において、用途地域による容積率の最高限度を超える容積率の最高限度が定められている場合、特定行政庁が、当該計画の内容に適合し、交通上、安全上、防火上及び衛生上支障がないと認定する建築物には、用途地域による容積率制限が適用されない。さらに、敷地内に有効な空地が確保されていること等により、特定行政庁が、交通上、安全上、防災上及び衛生上支障がないと認めて建築審査会の同意を得て許可した建築物には、道路斜線制限、隣地斜線制限及び北側斜線制限が適用されない。

② 運用基準

再開発地区計画の活用の方針及び策定の基準としては、建設事務次官(1988)、建設省経済局長・建設省都市局長・建設省住宅局長（1988）がある。これらによると、再開発地区計画の活用できる区域の具体的な例示として、工場、倉庫、鉄道操車場又は港湾施設の跡地等に加え、埋立地における開発、老朽化した住宅団地、木造家屋が密集している市街地等があるとされる。

同基準は、「土地利用の転換にあたって基本となる道路については2号施設として……、区画街路等は原則として地区施設として定め」、「都市計画……道路等と併せて一体的な道路網を形成するとともに、安全、防災、衛生等に関する機能が十分に確保され、かつ、新たな土地利用により生ずる交通に対応してこれを適切に処理し得るよう定めること」とする。具体的な道路幅員は、2号施設については原則12m以上（歩行者の通行を前提としないものについては原則8m以上）とする。

また、「土地利用の転換に当たって基本となる公園、緑地、広場その他の

第 1 章　容積率制限等緩和型制度の類型と体系化

公共空地については 2 号施設として……主として地区内の居住者等の利用に供される小公園等の公園、緑地、広場その他の公共空地は原則として地区施設として定めること」とする。

　さらに、容積率制限を緩和する場合の特定行政庁の認定に際しては、具体の建築計画、周囲の状況、公共施設（主として 2 号施設及び地区施設）の整備状況等を見定めつつ、総合的判断に基づいて行うこととする。

③　緩和の根拠

　このように再開発地区計画による緩和の根拠は、一定の広がりを有する地区を対象として、2 号施設等の確保による公共施設負荷の調整及び空間占有度の制御を担保として、特定行政庁が個々の建築計画の内容を審査し、再開発地区整備計画で定められた容積率の限度内で、容積率制限を緩和するところにある。再開発地区計画制度は、公共施設や空地の確保等を計画として定め、そこでの良好な開発・建築活動を誘導し、地区全体の改善を図るものとして制度化された初めての制度であり、その後の地区計画型の緩和型制度の先駆けとなった。

　しかしながら実際には、新宿区若葉・須賀町地区において老朽化した住宅等が密集した既成市街地の計画的な更新を図るため策定されたほかは、工場跡地等大規模空閑地における再開発プロジェクト等を対象として指定されたケースが多い。

第1章　容積率制限等緩和型制度の類型と体系化

1-3. 各類型毎の容積率制限緩和の限度と手続き

(1) 第1類型（特定街区及び高度利用地区）

容積率制限の緩和に関してはその運用に関し、建設省の通達により一定の限度が示されているものの、法令上はその上限は設けられていない。

一方、手続きに関しては以下の通りである。

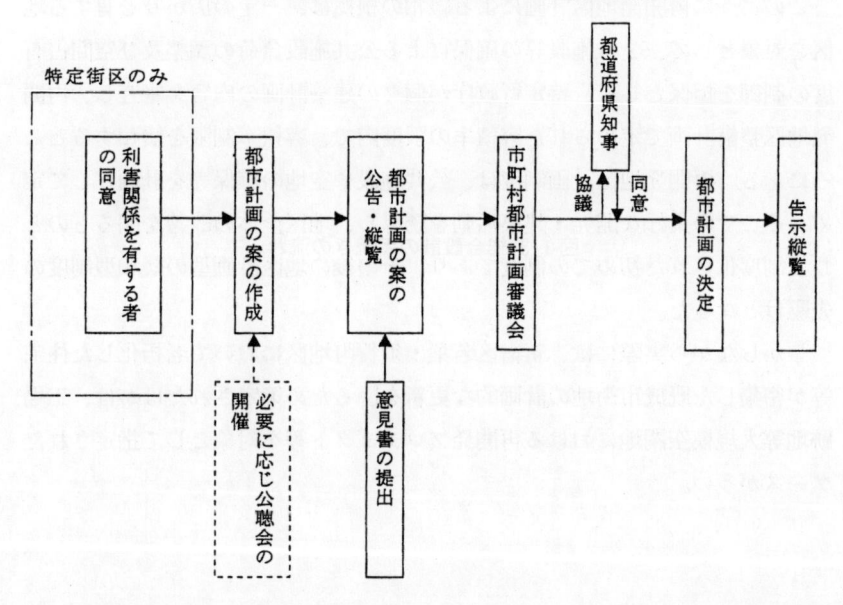

図1-2　特定街区及び高度利用地区の手続きの流れ

```
特定街区のみ
┌─────────┐
│利害関係を有する者の同意│ → 都市計画の案の作成 → 都市計画の案の公告・縦覧 → 市町村都市計画審議会 ⇄ 都道府県知事（協議・同意） → 都市計画の決定 → 告示縦覧
└─────────┘
                    ↑                    ↑
              必要に応じ公聴会の開催    意見書の提出
```

また、特定街区の決定に当り、街区内の土地所有者等の同意を要件としたのは、特定街区がその現実の運用と異なり、その成立過程も含め、本来詳細な形態規制を行いうる制度であるからである（前述）。

従って容積率制限の緩和に関しては、法令上の要件と上記の都市計画決定手続きに全てを委ね、個々の建築物の審査に当っては都市計画への適合のみを確認するという裁量性のない手続きに委ねているということになる。

換言すれば、限度のない容積率制限の緩和の責任を全て上記のような一般的な都市計画手続きが負う故に、現実の運用では特定街区、高度利用地区共に詳細な建築計画が相当程度事前に決定しうる個別プロジェクトに限られたといえる。

(2) **第2類型**（総合設計）

容積率制限の緩和に関しては、第1類型同様その運用に関し、建設省の通達により一定の限度が示されているものの、法令上はその上限は設けられていない。但し、第1類型と異なり総合設計に関しては、用途地域に応じ同制度が適用できる敷地面積の下限及び用途地域による建ぺい率制限に応じ確保すべき絶対空地（いわゆる公開空地ではなく1から建ぺい率をひいた数値）の下限が政令で定められている。

一方、手続きに関しては以下の通りである。

図1-3 総合設計の手続きの流れ

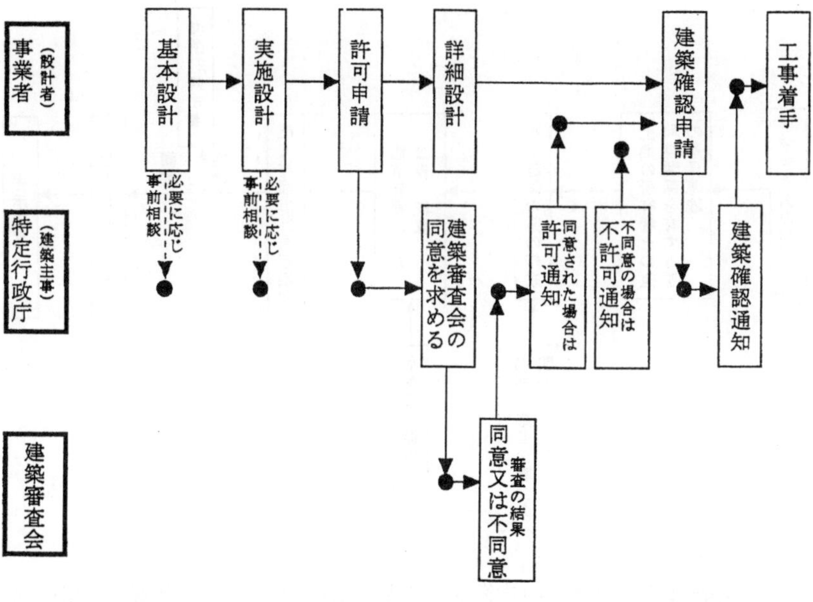

第1章　容積率制限等緩和型制度の類型と体系化

従って容積率制限の緩和に関しては、法令上の要件と建築審査会の同意を得た特定行政庁の許可に全てを委ねているということになる。

換言すれば限度のない容積率制限の緩和の責任を建築審査会の同意はいるものの、全て上述のような特定行政庁の許可が負う故に、現実の運用では第1類型以上に詳細な建築計画を前提とした個別プロジェクトに限られていたといえる。

(3)　**第3類型**（再開発地区計画等）

第3類型の先駆となった再開発地区計画における容積率制限の緩和に関しては、第1類型及び第2類型同様、法令上の上限は設けられていない。又、第1類型及び第2類型と異なり、その運用に関しても建設省の通達において何等限度が示されていない。

一方、手続きに関しては以下の通りである。

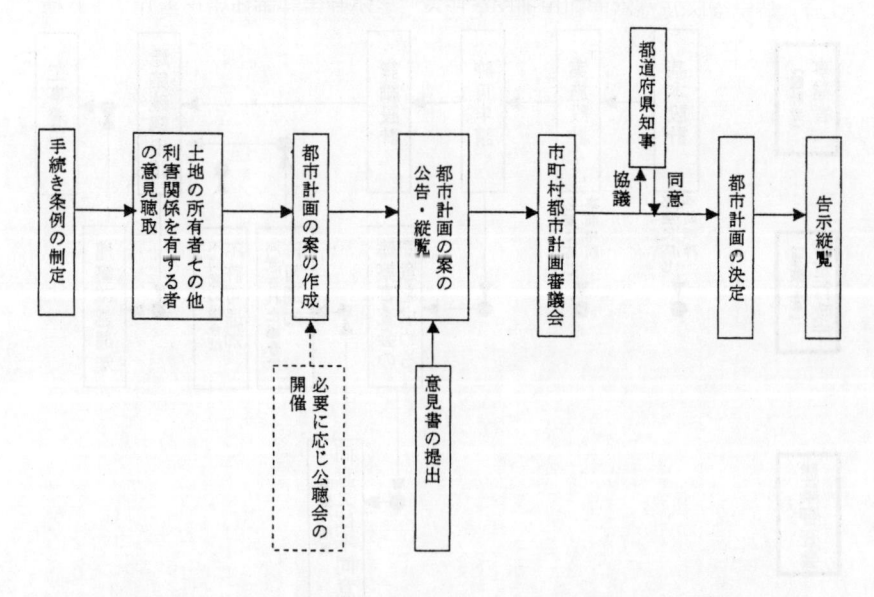

図1-4　再開発地区計画の手続きの流れ

手続き条例の制定 → 土地の所有者その他利害関係を有する者の意見聴取 → 都市計画の案の作成 → 都市計画の案の公告・縦覧 → 市町村都市計画審議会 ⇔（協議・同意）都道府県知事 → 都市計画の決定 → 告示縦覧

（都市計画の案の作成から）必要に応じ公聴会の開催

（都市計画の案の公告・縦覧から）意見書の提出

この手続は特定街区との均衡を図る観点から創設された手続きであるが

(前述)、再開発地区計画では特定街区、高度利用地区と異なり

①「再開発地区計画の案は区域内の土地の所有者等の意見を求めて作成すること」

とされている。

従って、通例の都市計画決定手続きに比較してはるかに慎重に時間をかけ地域住民の合意形成を図ることが通例である（詳細は**第3章**千代田区神田和泉町地区計画の決定過程参照）。

加えて、再開発地区計画においては、個々の建築行為における容積率制限の緩和に際し、容積率制限の上限等再開発地区計画への適合を求めた上で、更に、

②「特定行政庁が交通上、安全上、防火上及び衛生上支障がないと認定」して初めて緩和が行われることとなっている。

以上の手続きは他の類型に比較し、一見過重のように考えられるが、他の類型と比較すると、

a) 特定街区及び高度利用地区に比べ、その都市計画決定に当り、より慎重な住民の合意形成を行い、更に個々の緩和に際し、許可に比較すれば行政側の裁量性が極めて狭いと解されているものの、特定行政庁の認定により、個々の建築計画が市街地環境に与える影響や容積率制限緩和の前提となった再開発地区計画区域内の2号施設や地区施設の整備の進捗状況を事後的に再度チェックできる仕組みを有するため、詳細な建築計画が定めえない中長期にわたる地区レベルの容積率制限緩和の手段になりえたといえる。

b) 総合設計に比べ、再開発地区計画により定められた容積率制限の上限はもとより、それ以外の計画事項への適合が要件となることから、個々の緩和に際しては建築審査会の同意－特定行政庁の許可という裁量性が大きく、かつ、不確実な手段によらず、特定行政庁の認定という機動的な手続きにより、緩和が行えたといえる。

(4) **都市計画審議会及び建築審査会**

第1類型及び第3類型には都市計画審議会が、第2類型には建築審査会が

第1章　容積率制限等緩和型制度の類型と体系化

その手続中に位置付けられている。

　都市計画審議会及び建築審査会は各々都市計画法及び建築基準法という個別法に別途その根拠を有するが、共に地方自治法上は執行機関（普通地方公共団体の長、教育委員会、人事委員会、公安委員会等でそれぞれ同時の執行権限を持ち、その担保する事務について、地方公共団体の意志を自ら決定し、表示しうる機関を指し、これらの付属機関や補助機関を含まないこととされている。(『逐条地方自治法』長野士郎著（学陽書房）p. 384))）の付属機関と位置づけられている。

　すなわち、普通地方公共団体は、執行機関のほか、法律又は条例の定めるところにより、執行機関の付属機関として自治紛争処理委員会、審査会、審議会、調査会その他の調停、審査、諮問又は調査のための機関を置くことができるとされている（地方自治法第138条の4第3項）。

　なお、建築審査会は建築基準法上、必置であり、一方、都市計画審議会については都市計画法上、都道府県は必置、市町村は任意である。

　容積率制限緩和型制度の手続きにおいて、

　a)　特定行政庁は許可をする場合、あらかじめ建築審査会の同意を得なければならない。

　b)　市町村は、当該市町村に市町村都市計画審議会が置かれている時は当該市町村都市計画審議会の議を経て都市計画を決定するものとする。

　b)'　市町村都市計画審議会が置かれていない場合は、都道府県知事は市町村の都市計画決定の協議に際し、同意をする時は、あらかじめ、都道府県都市計画審議会の議を経なければならない。

　とされており、「同意」と「議を経る」の相異がある。

　しかしながら、建築審査会における同意の具体的内容（ex 委員の全員同意か過半数）、同じく都市計画審議会における「議を経る」の具体的内容（ex 委員の過半数が反対しても議を経たことになるか）は、法令上の規定はなく、各付属機関の運用によっているのが実態である（審査会等の根拠条例において、議事は出席委員の過半数を持って決し、可否同数の場合は議長の決するところによると規定しているケースが多い（東京都、横浜市等)。）。

第 1 章　容積率制限等緩和型制度の類型と体系化

　一方、両組織の構成に関しては**表 1-5** に示す通り、建築審査会が 5 人又は 7 人、都道府県都市計画審議会が 11 人以上 31 人以内、市町村都市計画審議会が 5 人以上 35 人以内となっており、実態面でも都市計画審議会の方が、その審議内容が都市計画全体に及ぶことから、委員数が圧倒的に多いといえる。この委員数の違いは、総合設計が他の類型と同様容積率制限の緩和の上限が法令上規定されていないものの制度適応に当っての敷地面積及び絶対空地等の下限が政令で定められ、法令上必要最小限の市街地環境担保が行われていることとあいまって、個別プロジェクトにおける総合設計の活発な活用に結びついているものと考えられる。

第1章　容積率制限等緩和型制度の類型と体系化

表1-5 建築審査会及び都市計画審議会の組織・業務等

名　称	根拠法	設置主体	組　　織	業　　務
建築審査会	建築基準法78条〜83条	建築主事をおく町村、都道府県（限定特定行政庁は置くことができる）	・5人又は7人 ・法律、経済、建築、都市計画、公衆衛生又は行政に関しすぐれた経験と知識を有し、公共の福祉に関し公正な判断をすることができる者のうちから市町村長等が任命	・この法律に規定する同意の議決 ・特定行政庁の諮問に応じてこの法律の施行に関する重要事項の調査審議 ・この法律の施行に関する事項について関係行政機関への建議
都道府県都市計画審議会	都市計画法77条	都道府県	・学識経験者、市町村長を代表する者、都道府県・市町村議会を代表する者につき知事が任命 ・関係行政機関の職員からも任命できる ・11人以上31人以内 ・上記のほか、特別の事項を調査審議するための臨時委員、専門の事項を調査審議するための専門委員各若干名を置くことができる ・権限に属する事項で軽易なものを処理するため常任委員会を置くことができる	・この法律によりその権限に属させられた事項の調査審議 ・知事の諮問に応じ都市計画に関する事項の調査審議 ・都市計画に関する事項について関係行政機関への建議
市町村都市計画審議会	都市計画法77条の2	市町村（置くことができる）	・学識経験者、市町村議会議員につき市町村長が任命 ・関係行政機関、都道府県の職員、市町村の住民からも任命できる ・5人以上35人以内（政令市は9人以上35人以内） ・上記のほか、特別の事項を調査審議するための臨時委員、専門の事項を調査審議するための専門委員若干名を置くことができる ・権限に属する事項で軽易なものを処理するため常任委員会を置くことができる	・この法律によりその権限に属させられた事項の調査審議 ・市町村長の諮問に応じ都市計画に関する事項の調査審議 ・都市計画に関する事項について関係行政機関への建議

表1-6 東京都等における建築審査会及び都市計画審議会の委員数

	建築審査会	都市計画審議会
東京都	7人	34人
千代田区	5人	18人
中央区	5人	18人
大阪市	7人	30人

1-4. 再開発地区計画導入後の容積率制限等緩和型制度

1988年の再開発地区計画制度創設以降も、特定街区制度、高度利用地区、総合設計制度等、既存の容積率等緩和型制度の運用上の拡充が図られていったことはすでに述べたところである。第1節に示すとおり、その後、都市計画法、建築基準法の改正によって導入された新しい容積率制限等緩和型制度としては、密度・形態規制を地区計画等の都市計画規制に置き換え、かつ、特定行政庁の認定により、公共施設負荷調整及び空間占有度制御を担保して容積率制限を緩和する第3の類型に属する制度が多かった。

これらの概要を以下に要約する。

(1) 住宅地高度利用地区計画制度

住宅地高度利用地区計画は、市街化区域内農地等での中高層住宅供給や都心周辺部等での住宅供給促進のため、良好な中高層住宅市街地の開発整備促進を目的に、1990年創設された制度[11]である。

住宅地高度利用地区計画においても、再開発地区計画と同様の趣旨により、都市計画法（12条の6第2項2号）に規定する施設（2号施設）等を定めることとされるが、特定行政庁の認定により、容積率制限及び建ぺい率制限、第一種、第二種低層住居専用地域内における絶対高さ制限が緩和される他、特定行政庁が建築審査会の同意を得て許可することより、斜線制限等を緩和することができる制度である（建築基準法68条の4）。

容積率制限緩和に係る根拠、手続きは、再開発地区計画のそれと同様である。

(2) 用途別容積型地区計画制度

法令上の規定

地区の特性に応じた合理的な土地利用の促進を図るため、住居と住居以外の用途とを適正に配分することが特に必要な場合に、地区計画において、その全部又は一部を住宅の用途に供する建築物の容積率の最高限度と、それ以

第1章 容積率制限等緩和型制度の類型と体系化

外の建築物の容積率の最高限度とを区分して定めることができることとし、一定の区域内の全部又は一部を住宅用途に供する建築物について容積率制限を緩和できる制度で、住宅地高度利用地区計画とともに1990年創設された。

具体的には、

a) 当該地域が住居地域（現第一種・第二種及び準住居地域）、近隣商業地域、商業地域又は準工業地域内にあること

b) 地区整備計画において、イ)容積率の最高限度（但し、その全部又は一部を住宅用途に供する建築物に係る値が、それ以外の建築物に係る数値以上で、かつ用途地域による指定容積率以上、その1.5倍以下で定められていること）、ロ)容積率の最低限度、ハ)敷地面積の最低限度、ニ)壁面の位置の制限（道路に面する壁面の位置を制限するものを含むものに限る。）が定められていること

c) 建築基準法68条の2第1項に基づく条例で、b)ロ)、ハ)及びニ)に掲げる事項に関する制限が定められていること

の3条件に該当する地区計画の区域内の建築物については、当該地区計画で定められた建築物の容積率の最高限度を用途地域による容積率の最高限度の数値とみなして、建築基準法52条の規定を適用することができるとするものである（建築基準法68条の3）。

なお、「用途別容積型地区計画制度」とはこうした制度内容に鑑み付与された通称であり、次頁の「誘導容積型地区計画制度」及び「容積率適正配分型」、さらには「街並み誘導型」も同様である。

用途別容積型地区計画制度は、住宅用途の発生集中交通による公共施設に与える負荷が商業用途等他の建築物の用途に比較して一般的に小さいため、住宅用途に限定して用途地域による都市計画で指定された容積率の最高限度の数値の1.5倍までの範囲での容積率割増を決めるのであれば、公共施設負荷を調整することについての問題を生じるものでなく、壁面の位置の制限に基づく空地の確保及び一定の敷地面積の確保により空間占有度を一定の範囲で制限するのであれば市街地環境の悪化を招かないという認識の下で、住宅用途に限定して容積率の特例を認めたものと解される。

(3) 誘導容積型地区計画制度及び容積率適正配分型地区計画制度

① 法令上の規定

　誘導容積型地区計画制度とは、地区計画を定めるにあたり、適正な配置及び規模の公共施設がない土地の区域において適正かつ合理的な土地利用の促進を図るため特に必要があると認められるときには、容積率の最高限度を上下2通りに定め、特定行政庁の認定による公共施設の整備状況に応じた容積率制度の適用を行うことのできる制度で、1992年に創設された[12]。

　具体的には、

　a) 地区整備計画において、イ)地区施設の配置及び規模、ロ)容積率の最高限度（当該地区整備計画の区域の特性に応じたもの（いわゆる目標容積率）と、当該地区整備計画の区域内の公共施設の整備の状況に応じたもの（いわゆる暫定容積率）とに区分し、前者の数値が後者の数値を超えて定められているものに限る。）が定められていること。

　b) 建築基準法68条の2第1項の規定に基づく条例で、a)ロ)に掲げる制限が定められている区域であること。

　の2条件に該当する地区計画の区域内にある建築物で、当該地区計画の内容に適合し、かつ特定行政庁が交通上、安全上、防災上及び衛生上支障がないと認めるものについては、容積率の最高限度として目標容積率を適用するものである（建築基準法68条の3第1項）。

　誘導容積型地区計画制度それ自体は用途地域による都市計画の制限を緩和するものではないが、例えば、区域の特性から見れば利便性が高くより合理的な土地利用が要請されるものの、公共施設の整備状況が低いため、用途地域において相対的に低い容積率が指定されている場合に、誘導容積型地区計画を定めることを前提条件として、用途地域による容積率制限の指定を緩和する等の運用により、結果として容積率緩和のための措置として活用することが可能となる。

　なお、誘導容積型地区計画制度においても、目標容積率を適用する場合、特定行政庁が具体の建築計画、公共施設の整備状況等を見定めつつ総合的な

判断によるべきことが建設省都市局長・住宅局長(1993)により示されている。

一方、誘導容積制度とともに創設された容積率適正配分型地区計画制度は、地区計画を定めるに当たり、適正な配置及び規模の公共施設を備えた土地の区域において建築物の容積を適正に配分することが当該地区整備計画の区域の特性に応じた合理的な土地利用の促進を図るため特に必要であると認められる場合に、地区整備計画の区域を区分し、区域内の容積の総量の範囲内でこれを適正に配分することにより、良好な市街地環境の形成及び土地の有効、高度利用を促進する制度である。

具体的には、

a) 地区整備計画において、容積率の最高限度が区域を区分して定められ、かつ、それぞれの区域の容積率の最高限度に区域の面積を乗じたものの合計が用途地域による容積率の数値にその区域の主部の面積を乗じたものの合計を超えないものである(都市計画法12条の5第5項)場合に、イ)容積率の最低限度、ロ)敷地面積の最低限度及びハ)壁面の位置の制限が定められていること。

b) 建築基準法68条の2第1項の規定に基づく条例でa)イ)～ハ)に掲げる制限が定められていること。

の2条件に該当する区域内の建築物については、当該地区計画で定められた容積率の最高限度を用途地域による容積率の数値とみなして容積率制限を適用するものである(建築基準法68条の3第2項)。

② 緩和の根拠と意義

誘導容積型地区計画制度は、これまでの容積率制限等緩和型制度と異なり、用途地域による都市計画の制限をこえる容積率を認めるものではない。

しかしながら、暫定容積率の制限を解除し目標容積率を適用するための特定行政庁の認定は、具体の建築計画の内容を個別に審査し、公共施設の整備状況を見定めつつ(すなわち公共施設負荷を調整しつつ)、その範囲内で行うものであるとされる。

第1章　容積率制限等緩和型制度の類型と体系化

ただし、容積適正配分型地区計画制度は、区域内において本来許容される容積の総量の範囲内において、地区計画で適正に配分された容積率制限の上限を定めるものであり、地区のトータルな密度規制を緩和するものではない。

この点で建築基準法86条に規定する、いわゆる「総合的設計による一団地認定制度」と類似した性格を有しているものと考えられ、前者が地区レベルでの対応であるならば、後者は団地レベルでの対応が図られるものと解されている。

(4) 街並み誘導型地区計画制度

① 法令上の規定

街並み誘導型地区計画制度は、1995年、都市計画法、建築基準法改正により創設された、用途地域による前面道路幅員による容積率制限を緩和することのできる制度である[13]。

具体的には、

a) 地区整備計画において、イ)容積率の最高限度、ロ)敷地面積の最低限度、ハ)壁面の位置の制限（道路に面する壁面の位置の制限するものを含むものに限る）、ニ)建築物の高さの最高限度、ホ)壁面の位置の制限として定められた限度の線と敷地境界線との間の土地の区域における工作物の設置の制限が定められ、

b) 建築基準法68条の2第1項に基づく条例で、a)ロ)ハ)ニ)に掲げる事項に関する制限が定められている

場合に、特定行政庁が、交通上、安全上、防火上及び衛生上支障がないと認定した建築物に関しては、前面道路幅員による容積率制限を適用せず、また、特定行政庁が、敷地内に有効な空地等が確保されている等により、交通上、安全上、防火上及び衛生上支障がないと認めるものについては、道路斜線制限、隣地斜線制限及び北側斜線制限を適用しないとするものである（建築基準法68条の3第4項・5項)。

なお、街並み誘導型地区計画制度創設と同時に、前面道路幅員による容積

第1章 容積率制限等緩和型制度の類型と体系化

率制限の特例制度が創設された（建築基準法52条9項・10項）。具体的には、住居系用途地域等において、前面道路の境界線から後退して壁面線の指定がある場合又は建築基準法68条の2第1項の規定に基づく条例で定める壁面の位置の制限（道路に面する建築物の壁又はこれに替わる柱の位置及び道路に面する高さ2mを超える門又は塀の位置を制限するものに限る）がある場合、壁面線等を超えない建築物については、前面道路の境界線は壁面線等にあるものとしてみなされる。ただし、容積率は前面道路幅員×0.6以下とされる。この場合、前面道路と壁面線等との間の部分の面積は、敷地面積に参入しないこととされた。

② 緩和の根拠と意義

この2つの制度とも前面道路幅員による容積率制限を緩和するもので、これら制度の創設により、誘導容積型地区計画制度等公共施設整備が不十分な既成市街地において、容積率をインセンティブとする市街地環境の整備改善を図る制度が期待されることとなった。

1–5. ま と め

(1) 容積率制限等緩和型制度の類型

以上、建築基準法、都市再開発法及び都市計画法等に定められた容積率緩和型制度は、公共施設負荷の調整と市街地環境の確保を目的に用途地域による容積率制限が定められるという認識の下で、公共施設が整備済み又は確実に整備が見込まれることを要件として公共施設負荷の調整を図るとともに、有効な空地の確保等による市街地環境の整備改善への貢献に応じて、用途地域による容積率制限の緩和を図るものである。

容積率制限の緩和のために必要な公共施設負荷の調整及び市街地環境の確保を担保するための手段としては、①道路等新たな公共施設整備や空地の確保等を都市計画決定により担保するものと、②建築計画上の措置を特定行政庁による許可又は認定の手続きの中で判断するものとが見られる。

第1章 容積率制限等緩和型制度の類型と体系化

　これらの手段をどのような比重で活用しているのかにより、容積率制限緩和型制度は大きく3つの類型に分類される。

　第1の類型は、これらの措置をすべて都市計画決定という手段によって担保し、建築確認時点で、緩和された容積率制限を用途地域による容積率制限とみなすこと等により適用する制度で、代表的なものが特定街区及び高度利用地区である。

　第2の類型は、都市計画決定を前提とせず、建築審査会の同意を得て建築計画上の担保措置を特定行政庁が許可の際にみきわめて、容積率制限の緩和を行う制度で、代表的なものが総合設計制度である。

　そして、これらの中間に位置する第3の類型として位置づけられるのが、一定の都市計画決定事項を条件としつつ、用途地域による容積率制限を超える容積率について特定行政庁が認定することにより適用する制度で、代表的なものが再開発地区計画であり、1988年以降、この類型に分類される新たな容積率等緩和型制度が、次々と創設されていった。

(2) 用途別容積型地区計画制度及び街並み誘導の特色

　用途別容積型地区計画制度及び街並み誘導型地区計画制度は、基本的には第3の類型に位置づけられる。第1、第2の類型とは異なり、具体的な建築計画の存在を前提としなくても適用可能であるため、既成市街地において地区計画の計画事項に則した建替を誘導し、市街地環境の整備・改善を図るための制度であると性格づけがされている。

　しかしながら、用途別容積型地区計画制度及び街並み誘導型地区計画制度は、以下に示すように、第3の類型の中でも特異な制度としてい位置づけられる。

　なぜこのような制度スキームを有する容積率制限等緩和型制度の創設が可能であったのか。第2章及び第3章では、制度創設の社会的背景と経緯を明らかにしたうえで、立法審議における国会議事録を分析すること等により、第3類型の中でも特異な制度である両制度の制度論的根拠を明らかにすることとする。

第1章 容積率制限等緩和型制度の類型と体系化

表 1-7 容積率制限等緩和型制度の概要

緩和の根拠	制度名称	根拠法令	適用地域	容積率制限等緩和の条件		緩和される制限*1	特定行政庁における手続き*2	備考
				都市計画の計画事項	建築計画上の事項			
都市構造の変更	特定街区	都市計画法§8②2)ト建築基準法§60			—	容積率制限斜線制限等	確認	
	高度利用地区	都市計画法§8②2)へ建築基準法§59		1)容積率の最高限度 2)容積率の最低限度 3)建ぺい率の最高限度 4)建築面積の最低限度 5)壁面の位置の制限	有効空地の確保	容積率制限道路斜線制限隣地斜線制限	確認許可	
	用途別容積型地区計画	都市計画法§12-5⑥建築基準法§68-3③	1種住居2種住居準住居近隣商業商業準工業建築	1)整備、開発及び保全の方針 2)地区整備計画 ①容積率の最低限度 ②容積率の最低限度 ③敷地面積の最低限度 ④壁面の位置の制限 3)条例による 2)②〜④の制限	—	住宅用途に係る容積率制限	確認	
	容積適正配分型地区計画	都市計画法§12-5⑤建基法§68-3②		1)整備、開発及び保全の方針 2)地区整備計画 (地区整備計画の区域を区分して容積率の最高限度を定める。) ①容積率の最低限度 ②敷地面積の最低限度 ③壁面の位置の制限	—	容積率制限	確認	
	街並誘導型地区計画	都市計画法§12-5⑦建築基準法§68-3④・⑤		1)整備、開発及び保全の方針 2)地区整備計画 ①容積率の最高限度 ②敷地面積の最低限度 ③壁面の位置の制限*3 ④建築物の高さの最高限度 ⑤④の限度の線と敷地境界線の間の工作物の設置制限 3)2)②〜⑤の条例による制限	—	前面道路幅員による容積率制限道路斜線制限隣地斜線制限北側斜線制限	認定	
	再開発地区計画	都市再開発法§7-2建築基準法§68-5		1)整備及び開発の方針 2) 2号施設 3)再開発地区整備計画	—	容積率制限	認定	
					敷地内の有効な空地の確保等	道路斜線制限地斜線制限北側斜線制限	許可	
	住宅地高度利用型地区計画	都市計画法§12-6建築基準法§68-4	1種・2種低層住専1種・2種中高層住専	1)整備、開発又は保全の方針 2) 2号施設 3)住宅地高度利用地区整備計画		容積率制限建ぺい率制限	認定	
					敷地面積が政令で定める規模以上	絶対高さ制限(1・2種低層住専内)		
					敷地内の有効な空地の確保等	道路斜線制限隣地斜線制限北側斜線制限	許可	
	誘導容積型地区計画	都市計画法§12-5④建築基準法§68-3①		1)整備、開発及び保全の方針 2)地区整備計画 ①地区施設の配置規模 ②容積率の最高限度*4 3)条例による 2)②の制限	—	容積率制限	認定	
建築計画における市街地環境上の配慮	総合設計制度	建築基準法§59-2		—	1)敷地内に政令で定める空地を有す 2)敷地面積が定める規模以上	容積率制限絶対高さ制限(1・2種低層住専内)道路斜線制限隣地斜線制限北側斜線制限	許可	

(注) *1 この欄で単に「容積率制限」とは、用途地域に関する都市計画で定められた容積率制限をいう。なお、ここでは建築基準法§48の用途制限は除いている。
　　 *2 この欄で、1)「確認」とは確認時点で緩和された容積率制限が用途地域による容積率制限とみなされる等により適用されること、2)「認定」とは、特定行政庁の認定を経て、容積率制限が緩和されること、3)「許可」とは、特定行政庁が、建築審査会の同意を得て許可することにより、容積率制限が緩和されることをいう。
　　 *3 道路に面する壁面の位置の制限に限る。
　　 *4 目標容積率と暫定容積率の両方が定められているものに限る。

第1章　容積率制限等緩和型制度の類型と体系化

① 用途別容積型地区計画制度の特色

　容積率制限等緩和型制度の中で第3の類型に属する再開発地区計画制度や、住宅地高度利用型地区計画制度では、容積率緩和のための前提条件として、2号施設を定めなければならないとするとともに、個別の建築行為における容積率緩和には特定行政庁の認定という手続きを付加している。

　また誘導容積型地区計画制度及び容積率適正配分型地区計画制度においても、目標容積率や適正配分後の容積率を適用するためには、地区整備計画において地区施設の配置及び規模が定められていることが前提条件となる。

　これに対して、用途別容積型地区計画制度は、住宅用途に係る容積率制限の緩和を行ううえで、地区施設等公共施設を地区整備計画において定めることを要件とはしない。しかも個別の建築行為において用途地域による容積率制限を越える容積率が確認によって認められ、緩和に際しても特定行政庁の認定という手続きを要しない。

　このような手続規定だけを見れば、容積率緩和の要件は他の制度に比較して大幅に緩やかなものであるといえ、第3の類型に属する容積率制限等緩和型制度の中でも特異なものとなっている。

② 街並み誘導型地区計画制度の特色

　一方の街並み誘導型地区計画制度についても、地区施設等公共施設を地区整備計画において定めることなく、特定行政庁の認定により前面道路幅員による容積率制限が緩和される。

　しかも、例えば再開発地区計画制度においても道路斜線制限、隣地斜線制限、北側斜線制限を緩和するためには、建築審査会の同意を経た特定行政庁の許可という手続を必要としているのに対して、街並み誘導型地区計画制度においては、特定行政庁の認定という手続によって、これら斜線制限の緩和を可能としている。この点で、街並み誘導型地区計画制度についても、用途別容積型地区計画制度と同様に緩和の要件は相対的に緩やかであり、第3類型に属する容積率制限等緩和型制度の中でも特異なものとなっている。

第 1 章　容積率制限等緩和型制度の類型と体系化

注

(1)　建築基準法の一部を改正する法律（1961 年 6 月 5 日法律第 115 号）、1961 年 12 月 4 日施行。

(2)　建築基準法の一部を改正する法律（1963 年 7 月 16 日法律第 83 号）、建築基準法施行令の一部を改正する政令（1964 年 1 月 14 日政令第 4 号）、建築基準法施行規則の一部を改正する建設省令（1964 年 1 月 14 日建設省令 14 号）。

(3)　都市再開発法の一部を改正する法律（1975 年法律第 66 号）

(4)　建築基準法の一部を改正する法律（1976 年法律第 83 号）、建築基準法施行令の一部を改正する政令（1976 年政令第 266 号）、建築基準法施行規則の一部を改正する建設省令（1976 年建設省令 9 号）。

(5)　建築基準法の一部を改正する法律（1970 年法律第 109 号）、建築基準法施行令の一部を改正する政令（1970 年政令第 333 号）、建築基準法施行規則の一部を改正する建設省令（1970 年建設省令 27 号）、1971 年 1 月 1 日施行。

(6)　建設省住宅局長（1983）。

(7)　建設省住宅局長（1986）。

(8)　建設省住宅局長（1995）。

(9)　都市再開発法及び建築基準法の一部を改正する法律（1988 年 5 月 20 日法律第 49 号）、都市再開発法及び建築基準法の一部を改正する法律の施行に伴う関係政令の整備に関する政令（1988 年 11 月 11 日政令第 322 号）、都市再開発法施行規則の一部を改正する省令（1988 年 11 月 11 日建設省令 21 号）、1988 年 11 月 15 日施行。

(10)　再開発地区計画制度導入の社会的背景や制度論に係る議論の経緯については、石田（1992）、水口（1992）、簑原（1992）を参照。

(11)　都市計画法及び建築基準法の一部を改正する法律（1990 年 6 月 29 日法律第 61 号）、都市計画法及び建築基準法の一部を改正する法律の施行に伴う関係政令の整備に関する政令（1990 年 11 月 9 日政令第 323 号）、都市計画法施行規則及び建築基準法施行規則の一部を改正する省令（1990 年 11 月 19 日建設省令 8 号）、1990 年 11 月 20 日施行。

(12)　都市計画法及び建築基準法の一部を改正する法律（1992 年 6 月 26 日法律第 82 号）、都市計画法施行令及び建築基準法施行令の一部を改正する政令（1993 年 5 月 12 日政令第 170 号）、都市計画法施行規則及び建築基準法施行規則の一部を改正する省令（1993 年 6 月 21 日建設省令 8 号）、1993 年 6 月 25 日施行。

(13) 都市再開発法等の一部を改正する法律（1995年2月26日法律第13号）。

参考文献

建設省経済局長・都市局長・住宅局長（1988）「都市再開発法及び建築基準法の一部改正について（各都道府県知事及び各政令市の長宛通達12月22日付け）」

建設事務次官（1961）「建築基準法の一部を改正する法律の公布について（各特定行政庁宛通達7月13日付）」

建設事務次官（1989）「都市再開発法及び建築基準法の一部改正について（各都道府県知事及び各政令市の長宛通達12月22日付）」

建設省住宅局監修（1991）『詳解建築基準法』ぎょうせい

建設省住宅局長（1961）「建築基準法の一部を改正する法律の公布について（各特定行政庁宛通達7月13日付住発第232号）」

建設省住宅局長（1971a）「建築基準法の一部を改正する法律等の施行及び運用について（各都道府県知事宛通達1月29日付）」

建設省住宅局長（1971b）「総合設計に係る許可準則について（各特定行政庁宛通達9月1日付）」

建設省住宅局長（1983）「市街地住宅総合設計制度の創設について（各特定行政庁宛通達2月7日付住街発第11号）」

建設省住宅局長（1986）「市街地住宅総合設計制度の創設について」（各特定行政庁宛通達、12月27日付住街発第93号）

建設省住宅局長（1995）「総合設計許可準則の一部改正について（各特定行政庁宛通達7月17日付）」

建設省都市局長（1995）「特定街区の指定について（各都道府県知事宛通達12月27日付）」

建設省都市局長・住宅局長（1976）「高度利用地区の指定について（各都道府県知事宛通達4月1日付）」

建設省都市局長・住宅局長（1993）「地区計画制度の運用等について（各都道府県知事宛通達6月25日付）」

建設省都市局長・住宅局長（1997）「機能更新型高度利用地区の創設について（都道府県知事宛通達12月25日付）」

第2章　容積率制限等緩和型制度の体系における用途別容積型地区計画制度の特色

　用途別容積型地区計画制度は、1990年、都市計画法及び建築基準法の改正により創設された制度である。同改正法案は、1990年5月から6月にわたり、大都市地域における住宅地等の供給の促進に関する特別措置法の一部を改正する法律案(以下「大都市法改正案」という。)とともに、第118回国会衆参両院の建設委員会において審議された。本章では、その議事録及び当時の社会的事実に係る実態データを分析することにより、同制度の社会的背景及び制度スキーム構築の理念を解明する。あわせて、近年の大都市都心地域における活用状況を概括し、容積率制限等緩和型制度の体系における特色・意義を解明するものである。

　なお、いわゆる用途別容積型地区計画制度とは、地区計画区域内で全部又は一部を住宅用途に供する建築物について容積率制限を緩和できる制度(都市計画法12条の5第6項、建築基準法68条の3第3項)の通称で、都市計画法、建築基準法改正[1]により、1990年創設された。

2-1. 用途別容積型地区計画制度創設の社会的背景

　同制度の創設が要請された社会的背景としては、当時の地価高騰に伴う大都市住宅問題の深刻化並びに大都市都心部及びその周辺部における住宅・夜間人口減少による都心住宅問題の発生がある。

(1) 大都市住宅問題の深刻化

　東京圏住宅地の平均地価は、1986年から1989年の3年間で104.8％上昇という急騰を示した[2]。これに伴い、首都圏マンション価格の平均年収倍率は、1986年の4.2倍から、1990年の8.0倍へと増大した。このため、住宅の狭小化、住環境の悪化、住宅立地の遠隔化(**図2-1**)が一層進展し、いわ

63

第2章 容積率制限等緩和型制度の体系における用途別容積型地区計画の特色

ゆる大都市住宅問題が深刻化した。

　こうした背景の下で、綿貫民輔建設大臣は、都市計画法、建築基準法改正案の提案理由として、「大都市を中心として住宅宅地需要が逼迫している現状にかんがみれば、市街地における適正かつ合理的な土地利用を図ることが重要であり、とりわけ……、都心部周辺等での住宅供給を促進……することが必要となって」いる点を提示したうえで、「このような状況にかんがみ、……地区計画制度を拡充し、住居と住居以外の用途を適正に配分することが特に必要であると認められるときは、容積率の最高限度を住宅を含む建築物の容積率の特例を定めることができることとしております。」として、制度創設に係る法改正の趣旨を説明した[3]。

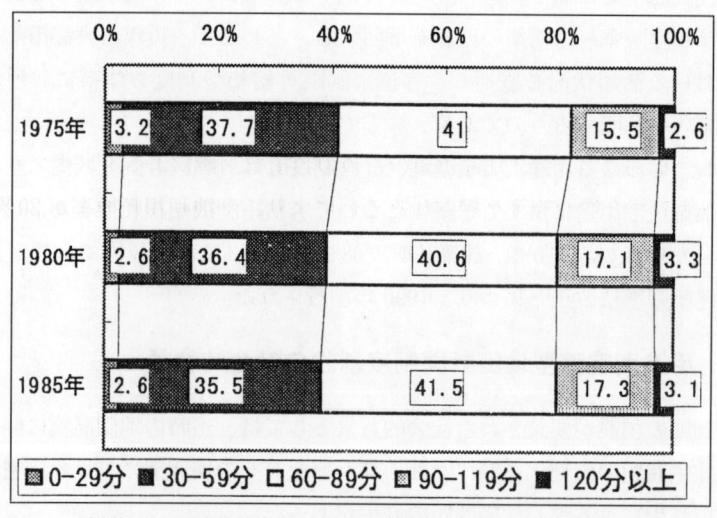

	0-29分	30-59分	60-89分	90-119分	120分以上
1975年	3.2	37.7	41	15.5	2.6
1980年	2.6	36.4	40.6	17.1	3.3
1985年	2.6	35.5	41.5	17.3	3.1

（備考）　大都市交通センサスより作成

図 2-1　東京都心3区・所要通勤時間別通勤者の割合

　また伊藤茂史建設省住宅局長による「土地利用をできるだけ住宅にインセンティブをあたえながら高度利用していくという形で土地の供給を促しまして、その結果住宅の大量供給を促して価格の安定を図るのが大きな流れでございます」[4]との答弁もこれらを裏づける。

第 2 章　容積率制限等緩和型制度の体系における用途別容積型地区計画の特色

　これらの発言からは、当時の政策担当者が、大都市住宅問題の基本的対処策は、住宅・住宅地の供給促進にあり、それにより住宅市場の需給の逼迫を緩和させ、住宅価格の安定化を図ることが可能となり、その中で都市計画・建築規制的手法の活用が有効かつ必要な方策であるとの基本理念を有していたことが明らかであり、同制度の創設も、そのような文脈の下に位置づけられる。

　なお、うえのような基本理念確立には、「大都市地域における住宅供給の促進について（中間報告）」（住宅宅地審議会住宅部会市街地住宅小委員会、委員長：巽和夫、1989 年 7 月）[5] が大きく寄与しているものと見られる。同報告は、大都市地域の住宅問題を解決するため、土地の有効利用の促進を図るべきであることを指摘したのみならず、東京都心への通勤 1 時間圏内の住宅市場を例にとり、供給要因の改善措置実施により、2000 年までに実現する需給均衡量増大、住宅価格低減等の政策効果を試算した。具体的には、「土地の有効利用を促進するための各種税制上の措置、土地・住宅の賃貸市場を活性化させる制度の改善、住宅供給のための容積率割増によるインセンティブの付与等の総合的な施策が採られることにより、土地利用転換率が 20 ％ 増大すると、……約 40 万戸住宅需給均衡量が増加することが見込まれ……住宅価格も……約 18 ％ 低下することとなる」と試算している。さらに、具体的な都市計画・建築規制的手法として、「優良な住宅供給プロジェクトに係る建築物に対し、容積率等のインセンティブを付与する」ため、「都心部周辺等の混在型市街地」等で指定する「住宅インセンティブゾーン（仮称）」制度の創設を提案した。これは法制史的にみて用途別容積型地区計画制度創設の先駆となる制度スキーム提案のひとつと位置づけられる。

(2)　都心住宅問題の発生

　東京都心 3 区でのオフィス床面積は、1985 年から 1990 年の 5 年間で 25.6 ％ の急増を見せた[6]。一方、国勢調査による都心 3 区の人口は 1985 年から 1990 年までの 5 年間で 18.2 ％ という減少を示し、しかも新規住宅供給は、著しく減少する傾向にあった（図 2-2）。

第2章 容積率制限等緩和型制度の体系における用途別容積型地区計画の特色

このような都心住宅問題の発生に関連し、山内弘委員の質問「要するに最近の地価高騰というのは、……住宅地が業務用地に転用される……期待感がある部分が非常に地価を引き上げる……。それをふせぐためには転用を規制することが非常に大事になってくる……。」[7]に答弁しつつ、真嶋一男建設省都市局長は、「大都市の都心部またはその周辺部などでは住宅と商業地の用途が混在化している市街地が……、最近の地価高騰あるいは業務用のビルの建設の振興等の影響を受けまして、住宅や人口が……減少を示しているという現象がございます。こうした地区におきましては、公共公益施設が遊休化するとかコミュニティーが崩れるとかいうようないろいろな問題を生じている……」[8]という基本認識を提示した。

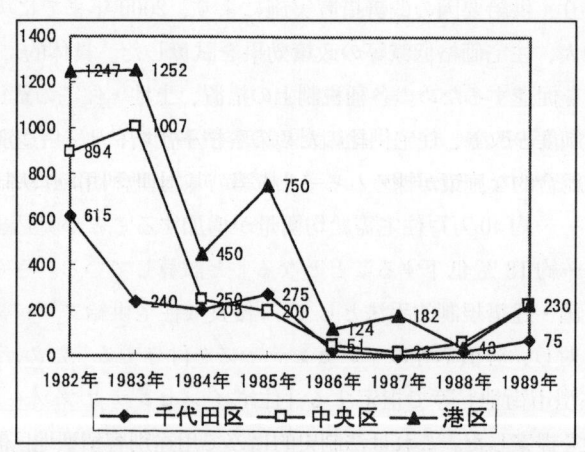

（備考）「首都圏中高層住宅全調査」㈳日本高層住宅協会より作成

図2-2　都心3区におけるマンション供給動向

特に都心3区における公共公益施設の遊休化（図2-3）は、その後の国による都心居住施策の推進により解決を図るべき社会的課題であった。

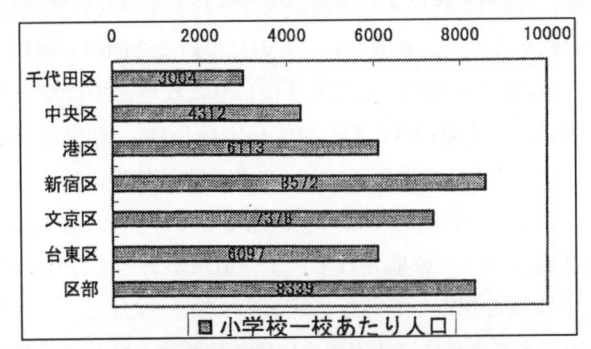

第 2 章　容積率制限等緩和型制度の体系における用途別容積型地区計画の特色

区分	小学校一校あたり人口
千代田区	3002
中央区	4312
港区	6113
新宿区	8572
文京区	7378
台東区	8097
区部	8339

(備考)　「住宅基本台帳」(1989年)「学校基本調査」(1989年) より作成。

図 2-3　小学校一校あたり人口合

2-2. 制度スキーム構築の基本理念

こうした社会的背景の下で創設された同制度の制度スキームがどのような理念の下で、構築されたのか。国会議事録等を分析すると、用途別容積型地区計画制度は、次のような制度スキーム構築の基本理念により法制化されたと考えられる。

(a) 大都市住宅問題の深刻化及び都心住宅問題の発生に対する都市計画・建築規制上の対処策として、

(b) 大都市の都心部及びその周辺部の道路等公共施設が整備された既成市街地という広範な地域を対象として、

(c) 客観的な事実を踏まえた知見を背景に正当化され、かつ、有効な手法である容積率インセンティブ手法を、

(d) 法的根拠を有する都市計画・建築規制制度により明解かつ公正な制度として構築する。

このことを、以下で論証する。

(1) 地域限定

第一は、施策のターゲットを公共施設が整備された地域に限定している点

67

第2章 容積率制限等緩和型制度の体系における用途別容積型地区計画の特色

である。実際、「道路が狭いまた整備が余りされ」ていない地域では、「道路についてその幅からの高さ制限というものについて今回何の緩和もされていない」ため、「容積率を緩和」しても「役に立たないのではないか」という鈴木貴久子委員による質問[9]に対して、住宅局長は、「非常に狭小な道路に添って密集しているような市街地で、……用途別容積型の地区計画……が活用できるかということに対しては……活用できない」とし、「都心部及び都心周辺で公共施設が……整備されていて、道路があって、なおかつ敷地も……広い」[10]地域を想定しているという答弁を行った。

これは、後述するように、住宅用途に係る建築物の公共施設負荷が他の用途のものに比して小さいという知見を根拠として容積率制限上の特例を与える一方で、新たな公共施設の整備を求めないものとして本制度が構築された以上、必然的ともいえる。

また、当時の状況では、住宅用途から商業用途への急速な土地利用転換、それに基づく土地利用のアンバランス及び公共施設の遊休化という問題が、専ら、比較的道路基盤の良好な地区において発生していたことがある。

こうしたことを勘案すれば、本制度の想定する地域限定は、概ね妥当なものと判断される。

(2) 都市計画・建築規制的手法による対処

第二は、都心住宅問題を土地利用計画上の問題のひとつとして認識し、これに対する対処策を都市計画・建築規制的手法の範囲内に求めた点である。具体的には、この理念は、住宅局長による「あくまでも都市計画法、建築基準法上の制度で……、住宅価格の低減等を目的としたものでない」[11]や「都心及び都心の周辺で業務開発と住宅ができるだけバランスをして人が住める町をつくっていこうということです」[12]という答弁に伺える。

また、長田武士委員から「規制緩和して建てた住宅が、本当に住宅に困窮しております一般のサラリーマン世帯が住める住宅でなくては意味がない」[13]として住宅政策上の対応を求める意見が提出されたのに対して、住宅局長が、「住宅全部がファミリー向き……、一般世帯向きにはなり得ない

第2章　容積率制限等緩和型制度の体系における用途別容積型地区計画の特色

……やはり大都市の中心部でございますので、共働きでありますとか非常に忙しいかた、いわゆる大都市居住型……、それと同時に……単身者用のものも相当需要があろうと思います」[14] と答弁したことから伺えるように、都市計画・建築規則的手法のみでは、必ずしも都心部住宅問題の全ての課題が解決されるわけではないという認識があった。ただし、それが従来より専ら住宅政策のターゲットとされてきたファミリー向け住宅であるか否かはさておき、大都市圏全体での住宅需給の逼迫を緩和させ、広域的な住宅価格の安定化には寄与するし、都心部の住宅がそれを必要とする新たな住宅需要層に対応して供給されることを積極的に是認するとの認識が示されている。その底流には、住宅供給促進施策を講じることにより、市場のメカニズムを通じ、民間住宅も含めた大都市地域の住宅事情が改善が実現されるとの理念が存在する。

(3) 容積インセンティブ手法の採用

第三に、都市計画・建築規制上の法的担保を前提とした容積インセンティブ手法が有効かつ適切という理念である。具体的には、「容積率のアップは……、倍になれば、例えば事業者のコストとしては地価の負担は半分になるわけで（…）一番大きなインセンティブになろうかと思います」[15] という住宅局長の答弁に直接的に表明された。この政策判断は、当時の住宅価格高騰が、土地費の急騰によったとの事実（図2-4）に鑑み、妥当と考えられる。

この理念は、「今回の改正案による用途別容積制度とこの住宅附置義務制度をうまくかみ合わせていくことによって都心部の住宅供給の大幅な増加が期待されるのではないか」[16] という西野康雄委員による質問に対する住宅局長による「住宅附置義務に対する建設省の態度でございますが、一律に住宅の附置を義務づけることが過度な権利制限となる等の問題がありまして、一般的な制度化については慎重な態度をずっととり続けております。……今回の用途別容積地区計画制度ができましたので、……インセンティブがつけられるわけで……むしろこちらの方を公共団体としては都心部の人口流出対策にも使える」[17] という答弁にも伺える。のみならず、そこには、当時の東京

69

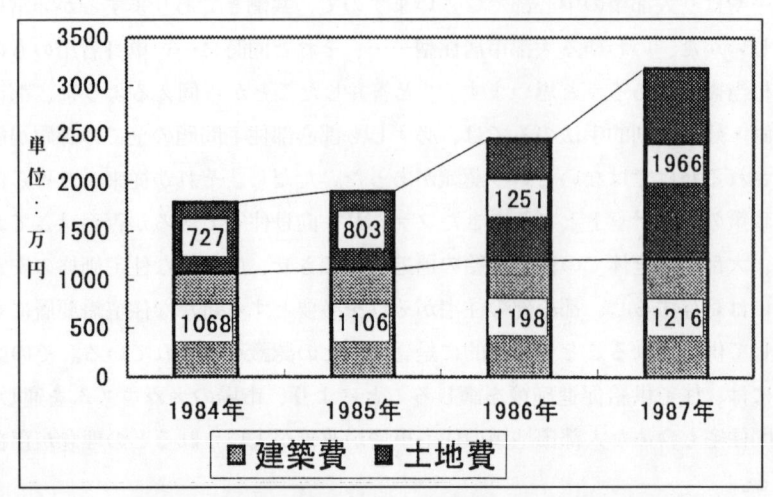

第2章 容積率制限等緩和型制度の体系における用途別容積型地区計画の特色

```
          1984年   1985年   1986年   1987年
建築費     1068     1106     1198     1216
土地費      727      803     1251     1966
```

（備考）　大都市交通センサスより作成
図2-4　住宅価格に占める土地費と建築費の試算

都心区等において採用されていた住宅附置義務施策に対する批判的評価がある。その底流には、同施策が、法令上の根拠をもたない任意の行政指導によって実施されているという行政手続き上の問題点の認識があり、このため、このような規制又は誘導措置は、明解かつ公正なルールに基づき、公平に実施しなければならないとの政策理念に結実したと考えられる。

(4) **客観的根拠を有する制度スキーム**

第4は、客観的な事実を踏まえた知見に基づき制度スキームを構築するという理念である。これは、住宅局長による「あくまでも現行の都市計画の枠内で環境を守っていくとのことの中で、住宅だけはほかのものとくらべて環境を阻害する要因として少ないから1.5倍程度の容積率を認めよう」という答弁から示される。この知見については後述する。

第2章 容積率制限等緩和型制度の体系における用途別容積型地区計画の特色

2-3. 法令上の規定と緩和の根拠

用途別容積型地区計画は、2-2.の基本理念の下で、具体的には次のような制度として創設された。

(1) 法令上の規定

(a) 「当該地域が住居地域（現 第一種住居地域、第二種住居地域、準住居地域)、近隣商業地域、商業地域又は準工業地域内にあること」
(b) 地区整備計画において、イ）容積率の最高限度（但し、その全部又は一部を住宅用途に供する建築物に係る値が、それ以外の建築物に係る数値以上で、かつ用途地域による指定容積率以上、その1.5倍以下で定められていること)、ロ）容積率の最低限度、ハ）敷地面積の最低限度、ニ）壁面の位置の制限（道路に面する壁面の位置を制限するものを含むものに限る。）が定められていること
(c) 建築基準法68の2第1項に基づく条例で、②ロ)、ハ）及びニ)に掲げる事項に関する制限が定められていること

の3条件に該当する地区計画の区域内の建築物については、当該地区計画で定められた建築物の容積率の最高限度を用途地域による容積率の最高限度の数値とみなして、建築基準法52条の規定を適用するものである（建築基準法68条の3第3項)。

(2) 制度の特色

このような用途別容積型地区計画制度は、第1章で整理された第3類型の容積率制限等緩和型地区計画制度に基本的には属するものの、従来の容積率制限等緩和型制度のいずれも有しない特色を有する。

① 公共施設整備要件の不要

既成市街地の広範な地域を対象として、個々の建築行為を適切に誘導しつつ、一定の政策目的を実現していくためには、その規範を都市計画によって

71

第 2 章　容積率制限等緩和型制度の体系における用途別容積型地区計画の特色

担保し、建築確認行為によってその実現を保証する手法が考えられる。その手法として高度利用地区制度があったが、同制度は、指定基準に「当該区域の土地利用の高度化を図るために必要な幹線道路等の主要な公共施設に関する都市計画が定められていること」[18]とあるように、容積緩和の条件として、増大する発生集中交通の公共施設等に対する負荷調整のため、都市計画道路等の計画決定を要件とする。

こうした高度利用地区の運用上の限界を踏まえつつ、既成市街地の誘導型整備更新への適用も意図して創設されたのが再開発地区計画であったが、同制度は原則、計画要件として 2 号施設を定めなければならないこととし、個別の建築行為における容積率緩和には特定行政庁の認定という手続きを付加している。このプロセスを経ることなく再開発地区計画に定められた容積率の上限の数値を適用することができないため、広範な既成市街地一般を対象とすることには限界がある。

なお、都市計画決定プラス建築確認の手続きにより容積率を緩和できる特定街区は、必ずしも都市計画道路等の計画決定を要請するものではなく、具体的には、建設省都市局長（1986）による「街区が別表 2 に掲げる区分に従い、原則として、幅員がおおむね当該各欄に掲げる数値以上である道路によって囲まれていること」が要件とされる（表 2-1）。しかしながら、街区一体的な具体の建築計画の存在を前提として、かつ、街区内の土地所有者等全員

表 2-1　特定街区指定基準（別表 2）

	道路幅員	
	主要道路	主要道路以外
基準容積率 30/10 以下	8 m	6 m
基準容積率 40/10, 50/10, 60/10	12 m	6 m
基準容積率 70/10, 80/10	16 m	8 m
基準容積率 90/10, 100/10	22 m	8 m

第2章　容積率制限等緩和型制度の体系における用途別容積型地区計画の特色

の同意を得て都市計画決定される特定街区は、広範な既成市街地一般を対象として誘導型市街地整備更新を図るうえで適切な手法とは言い難い。

　これに対して、用途別容積型地区計画制度は、住宅用途に係る容積率制限の緩和を行うえで、地区施設等公共施設を地区整備計画において定めることを要件とはしない。通達は、地区施設としての道路を定める場合、「住宅立地を誘導するという用途別容積型地区計画の趣旨にかんがみ……原則として6mとするが、壁面の位置の制限等により道路に接して適切な規模の空地が確保される場合はこれを下回ることができる」とするが、これは通常の地区計画同様、地区施設を定める場合の要件を示したもので、容積率緩和のための特別の要件ではない。すなわち、同制度は、既成市街地の誘導型整備更新を目的に、計画決定＋確認という手続きにより容積緩和をしながら、公共施設整備を計画事項として求めない点に特色がある。

② 　計画的かつ効率的に確保可能な空地

　同制度創設以前にも、住宅確保という一定の政策目的のもと、住宅という特定用途に対し、空地確保等の市街地環境確保の担保を要件としてより積極的な容積率緩和を認める制度として、特定街区制度及び市街地住宅総合設計制度があった。しかしながらこれら制度が要請する空地確保要件は、広範な既成市街地一般を対象として誘導型の整備更新を図るうえでは一定の限界がある。

　例えば、特定街区指定基準においては、「建築物を地区における良好な環境の形成を図る上で誘導すべきものとして位置づけられる用途に供する場合」には、通常の基準により定められる容積率に、「一定の数値を加え、又は乗じて得た容積率を指定することができる」とし、その用途の例として、「住宅、文化施設、コミュニティ施設」が例示される。しかしながらどのような空地確保等要件を前提とすれば住宅に対してより積極的な容積率緩和が可能となるのか基準はなく、計画策定者の裁量に委ねられている。

　一方、市街地住宅総合設計制度は、「近年、三大都市圏の既成市街地等においては、人口の減少、職住の遠隔化、敷地の細分化等の問題が生じてお

第2章 容積率制限等緩和型制度の体系における用途別容積型地区計画の特色

り、健全な市街地環境の形成のため、これらの問題に対処する対策が重要な課題となっている。このような課題に対処するため、今般、市街地における環境の整備改善に資する敷地内空地の創出とあわせて市街地住宅の供給の促進に資することを目的として」策定されたものであり、その政策目的は用途別容積型地区計画制度と類似したものがある。また市街地住宅総合設計制度が、住宅用途に対する容積緩和の度合いを他の用途の緩和の度合いに比較して1.5倍までと設定する点では、用途別容積型地区計画と同様の考えによるものと解される。しかしながら総合設計制度は、個別敷地の単体の建築行為に対して特定行政庁の許可という裁量により容積率を緩和するものであり、法文上は容積率の上限値も定められていない。一方で、制度適用上の空地規模要件、最小敷地規模要件についてはともに法文上明確な基準が定められており、個別敷地における空地の確保により市街地環境の担保を図るうえでの一般的な基準として、その要件は必須のものとなっている。

　これに対して、用途別容積型地区計画では、住宅用途への容積緩和の要件として地区整備計画における壁面の位置（による空地の確保）及び最小敷地規模の制限が定められているが、地区計画の内容に適合していれば容積率の緩和は建築確認により直ちに受けることができ、しかも空地の規模要件は定められておらず、結果として地区計画の内容次第で個々の敷地にとっては、市街地住宅総合設計制度と比較して、より緩やかな空地確保、敷地規模要件によって容積緩和を付与することも可能となる。

　用途別容積型地区計画の適用は、地区計画の決定の際に地区内の個々の建築物の状況等を十分に掌握したうえで行われるべきものであり、地区計画の策定手続きの中でその判断が適切になされるものと考えられる。また、当然のことながら、用途別容積型地区計画の内容は、住宅を含む建築物の容積率を緩和したとしても、市街地環境上の支障が生じない範囲で適切な空地確保、敷地規模確保と併せて定められるべきものである。これらに併せて、そもそも住宅用途とその他の用途との公共施設への負荷の差異に着目した、最大1.5倍までの範囲における容積率制限の特例であることを勘案すれば、市街地住宅総合設計制度の適用要件と比較して相対的に緩やかな要件を課すこ

第2章 容積率制限等緩和型制度の体系における用途別容積型地区計画の特色

ととなるケースが存することがあっても、こうした理由から妥当であると考えられる。

(3) 緩和の根拠

　本制度は、住宅用途の発生集中交通による公共施設への負荷が商業等他の建築物の用途に比較して小さいため、用途地域による容積率制限の数値の1.5倍までの範囲であれば、公共施設負荷を調整するうえでの問題を生じるものでなく、併せて壁面の位置の制限に基づき適切な空地を確保し空間占有度を制御しつつ、一定の敷地面積の確保を図れば市街地環境の悪化を招かないという認識の下で、住宅用途に限定して容積率の特例を認めたものである。

　用途別容積型地区計画制度は、広範な既成市街地を対象として個別の建築行為の誘導により住宅供給を含めた市街地環境の整備改善を図る制度として、裁量の余地が少ない都市計画決定＋確認という明解かつ簡便な手続きにより住宅用途に対する容積率緩和を実現し、しかも計画要件としては、新たな公共施設整備が要請されず、市街地環境担保のための空地確保を地区全体で計画的かつ効率的に行えるため、結果として機動的運用の可能性がより高いという意味で、合理的な制度スキームが構築されたと評価できる。

　このような明解かつ弾力的な容積率緩和のスキームを可能としたものが、住宅の発生集中交通量は他の用途に比較して小さいという客観的事実に基づく知見であり、これを踏まえた用途別容積率の指定というより新たな公共施設負荷調整手法が立法に反映された点にある。

　幾多の実証研究に示されるように、住宅用途の発生集中交通量が他の用途と比較して小さいという知見は早くから認識されていた。行政担当者においても、住宅については、公共施設のうち地区レベルで考慮する必要性が高い道路に関して他の用途と比較して自動車の発生交通量がおおむね2分の1であることの知見が得られており、その裏づけとして**表2-2**の実態調査結果があった。

　しかしながら、本制度の創設に至るまで、この知見に基づく公共施設の負

第2章 容積率制限等緩和型制度の体系における用途別容積型地区計画の特色

表 2-2 自動車交通発生原単位に関する実態調査結果

資料名	調査機関	用途	発生原単位
言問通り付近交通実態調査	福山コンサルタンツ (1972年3月)	商業(大) 商業(中) 住宅(大) 住宅(中)	770台/ha日 530台/ha日 400台/ha日 240台/ha日
横浜駅西口周辺地区再開発基本計画	都市計画設計事務所 (1975年3月)	デパート 普通店舗 業務 住宅	520台/ha日 450台/ha日 250台/ha日 85台/ha日
イセザキ町1・2丁目通モール化計画調査報告書	環境開発研究所 (1977年3月)	商業施設 業務施設 住宅	500台/ha日 200台/ha日 100台/ha日

荷調整手法が立法に反映されることはなかった。市街地住宅総合設計制度は、この手法を踏まえて先行的に創設されたものであるが、位置づけは通達において示された総合設計制度運用上の基準に留まっていた。用途別容積型地区計画は、容積率制限の導入以降において、住宅と他の用途では発生集中交通量が大きく異なるという客観的事実に基づく知見が都市計画法、建築基準法の制度に反映された初めてのケースであり、ここに法システムの発展のひとつの規範が提示されるとともに、今後の容積率制限制度のあり方、方向性を示唆するものがあると考えられる。

　なお、用途別容積型地区計画は用途地域による指定容積率制限を住宅用途に関しては、最大1.5倍まで緩和できる（建築基準法第68条の3第3項）制度であるが、その緩和が既に述べたように、住宅の発生集中交通量が他の用途と比較して小さいという知見に基づき、かつ、緩和の上限もその範囲内で設定されている。従って、用途別容積型地区計画による容積率制限の緩和

第2章　容積率制限等緩和型制度の体系における用途別容積型地区計画の特色

は、容積率制限の2つの目的の内の1つである公共施設のうち道路への負荷の調整という観点に限っては、用途地域による容積率制限を緩和したものではないという整理がなされている。基本的には容積率制限等緩和型制度の第3類型に属するものの、容積率制限の緩和に関する以上の概念は用途別容積型地区計画の特色であることが指摘できる。

(4) 制度の運用実態

用途別容積型地区計画制度は、1996年3月31日時点で、全国10地区、計559.3 ha に及ぶ地域で計画決定されている。うち、計552.6 ha に及ぶ地域で地区整備計画が策定され、条例による建築制限がなされている。

このような用途別容積型地区計画制度の大都市地域都心部での計画策定・運用状況を、他の容積緩和型の計画制度である再開発地区計画、特定街区のそれと比較したのが**表2-3**である。

表2-3　都心部における容積率緩和型計画制度の策定状況

		再開発地区計画	特定街区	用途別容積型地区計画
地区計画等	地区	9地区	4地区	5地区
	面積	243.7 ha	6.6 ha	367.2 ha
地区整備計画等	地区	7地区		5地区
	面積	68.4 ha		367.2 ha

(備考) 1)建設省資料より作成
　　　 2)対象地域は都心3区、対象計画は計画策定年月日
　　　　　が1990年11月20日から95年3月31日までのもの

特定街区は、近年の策定実績が少なく、また再開発地区計画も計画策定面積は拮抗しているが、容積緩和の対象となる地区整備計画等策定面積は用途別容積型地区計画が圧倒的に広く、既成市街地の誘導型整備手法として積極

第2章　容積率制限等緩和型制度の体系における用途別容積型地区計画の特色

的に活用されていることが伺える。

2-4. ま と め

本章の結論を要約する。

①　他の容積率制限等緩和型制度と比較した用途別容積型地区計画制度の特色は、イ)容積率緩和の要件として新たな公共施設整備を要請せず、かつ、ロ)市街地環境を担保する空地を地区全体で計画的かつ効率的に確保することが可能であり、ハ)住宅用途に限定されるとはいえ、用途地域による容積率制限が確認段階で緩和されるという明解かつ弾力的に運用可能な制度スキームにある。

②　①のような制度が成立した理由は、住宅用途に係る建築物による発生集中交通を通じた道路等への公共施設負荷が、他の用途によるそれと比較して小さいという知見を根拠として、用途別に容積率をコントロールするという新たな公共施設の負荷調整システムを制度スキームに反映したことにある。

③　このために、同制度は、広範な既成市街地を対象として、個別の建築行為の計画的誘導により市街地環境の整備改善を図る手法として、他の容積緩和型制度と比較し、高い策定・運用実績を有する。

注

（１）　都市計画法及び建築基準法の一部を改正する法律（1990年6月29日法律第61号）、都市計画法及び建築基準法の一部を改正する法律の施行に伴う関係政令の整備に関する政令（1990年11月9日政令第323号）、都市計画法施行規則及び建築基準法施行規則の一部を改正する省令（1990年11月19日建設省令21号）、1990年11月20日施行。

（２）　国土庁地価公示による。

（３）　第118回国会衆議院建設委員会会議録8号、2頁。

（４）　同9号、24頁。

（５）　市街地住宅研究会（1989）1〜31頁所収。

（６）　東京都（1991）『東京都住宅白書'91』138〜139頁より。

第 2 章　容積率制限等緩和型制度の体系における用途別容積型地区計画の特色

(7)　第 118 回国会衆議院建設委員会会議録 9 号、8 頁。
(8)　同 9 号、8 頁。
(9)　同 10 号、16 頁。
(10)　同 10 号、16 頁。
(11)　同 8 号、26 頁。
(12)　同 10 号、33 頁。
(13)　同 10 号、33 頁。
(14)　同 10 号、33 頁。
(15)　同 9 号、24 頁。
(16)　同 9 号、24 頁。
(17)　同 9 号、24 頁。
(18)　建設省都市局長、建設省住宅局長（1976）

参考文献

建設省都市局長（1986）「特定街区の指定について（都道府県知事宛通達 12 月 27 日付け）」
市街地住宅研究会（1989）『都市住宅ルネッサンス』ぎょうせい

第3章 容積率制限等緩和型制度の体系における街並み誘導型地区計画制度の特色

都心空洞化問題が顕在化し、都心居住推進の必要性が指摘されて久しいが、この問題に対する都市計画・建築規制制度上の対処策として、用途別容積型地区計画制度（1990年）、誘導容積型地区計画制度及び容積率適正配分型地区計画制度（1992年）等、用途地域による都市計画に定められた容積率、形態等の制限を緩和する制度（以下「容積率制限等緩和型制度」という。）を中心に、多くの新規制度が創設されてきた。この中で、いわゆる街並み誘導型型地区計画制度は、他の容積率制限等緩和型制度にない特色を有すると考えられる。

本章では、用途地域による容積・形態規制を補完する容積率制限等緩和型制度の役割が重要という基本認識の下で、街並み誘導型地区計画制度創設の社会的背景及び制度スキーム構築の基本理念を解明する。併せて、計画策定における実務においても立法目的が実現されているか否かを検討し、容積率制限等緩和型制度の体系における特色・意義を解明するものである。

いわゆる街並み誘導型地区計画制度とは、1995年、都市計画法、建築基準法改正[1]により創設された前面道路幅員による容積率制限等を緩和することができる制度である。

3-1. 街並み誘導型地区計画制度創設の社会的背景

(1) 大都市住宅問題の深刻化

同制度の創設が要請された社会的背景としては、当時、地価上昇が沈静化しつつも、依然、大都市住宅問題が厳しい中、都心部等における住宅・夜間人口減少という空洞化問題の一層の深刻化があった。

第3章 容積率制限等緩和型制度の体系における街並み誘導型地区計画制度の特色

① 都心部空洞化問題の深刻化

東京都心3区の夜間人口は、1955年の54.9万人から1990年の26.6万人まで、51.5％減少した。一方で同じく就業人口は、94.9万人から238.1万人へと2.5倍増を示した（図3-1）。

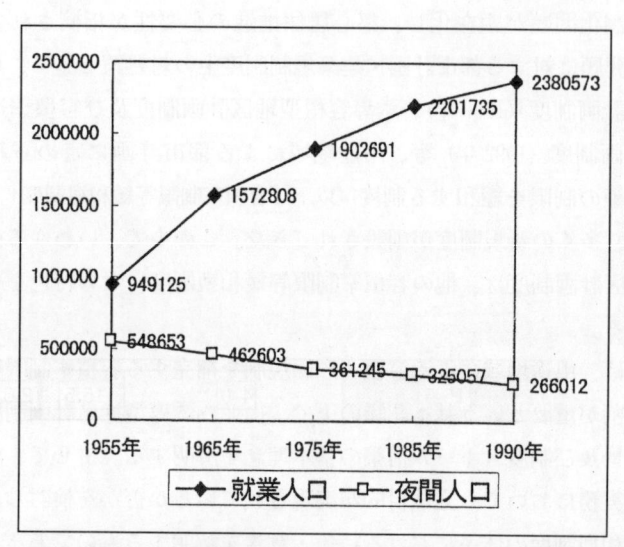

図3-1 東京都心3区の就業人口・夜間人口推移
（備考） 国勢調査より作成

また、東京都心3区レベルの昼夜間人口比率は、ニューヨークの3.7、ロンドンの2.7、パリの1.5に対し、東京は8.3で、東京大都市圏における都市構造は、欧米大都市と比較しても著しく不均衡な状況あった（図3-2）。

② 依然深刻な大都市住宅問題

一方、1986年から89年までに105.6％上昇した東京圏住宅地の平均地価は、1990年、91年とも前年比6.6％上昇と沈静化し、以後の2年間で22.4％下落した。にもかかわらず、住環境の悪化、遠距離通勤（図3-3）等の大都市住宅問題はなお深刻な状況だった。

第3章 容積率制限等緩和型制度の体系における街並み誘導型地区計画制度の特色

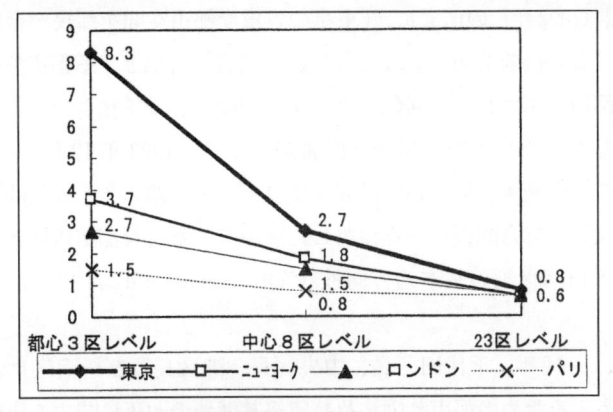

(備考) 建設省資料より作成
図 3-2 大都市圏昼夜間人口比率の国際比較

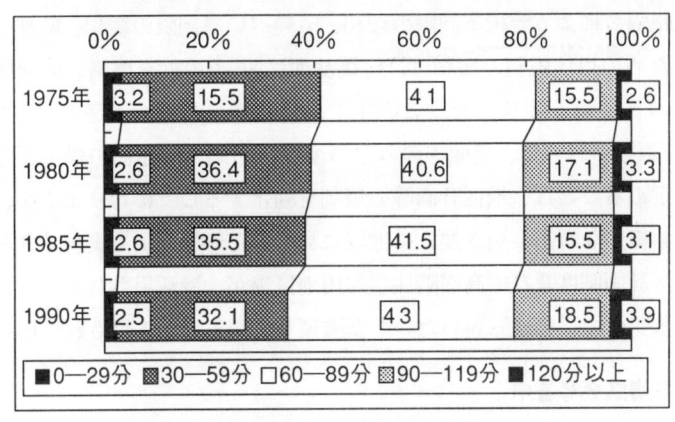

(備考) 大都市交通センサスより作成
図 3-3 東京都心3区就業者の通勤時間

(2) 大都市都心部自治体での対応

こうした中、大都市都心部自治体では、都心空洞化・人口減少問題に対して様々な対処策を講じてきたが、これらに併せて、都市計画・建築規制制度特に形態規制制度の見直しを要請するに至った。例えば、東京都は、『住宅

第3章 容積率制限等緩和型制度の体系における街並み誘導型地区計画制度の特色

基本条例』(1992年)の前文に、「東京の貴重な都市空間を都民が合理的に分かち合うことが必要である」と宣言し、共同居住を軸とする都市型の住まい方を世界都市にふさわしい居住スタイルへの発展、成熟化させていく方向を明らかにした。また大阪市総合計画審議会では、1992年12月、「人口回復に実効ある総合施策」について諮問を受けたことを踏まえ、人口問題調査委員会を設置し、総合的視点から検討した成果を『新たな都市居住魅力の創造～大阪市人口回復策の基本的方向性(答申)』(1993年12月17日)として報告した。

さらに、1994年、千代田区長、中央区長、港区長及び新宿区長が『都心居住を促進するための都市計画法及び建築基準法の改正に関する要望書』を提出した。同要望書は、1)高容積住居系用途地域の創設、2)前面道路による斜線制限の緩和、3)住居系用途地域の斜線制限の緩和、4)幅員12m未満の前面道路幅員による容積率制限の緩和、5)建ぺい率制限の緩和、6)都心住宅実現のための単体規制の緩和、7)建築基準法86条の拡充整備、8)地区計画の改善の8項目を要望した。この中で、特に地区計画の改善に関しては、「地区計画等において、壁面線のみならず街区の高さや建物の構造等をきめ細かに定めることは、地区計画等の規制を強化することになりますが、それらのきめ細かな規定と引き換えに地域に見合った形態制限を実現できるならば、地区計画制度及び中高層階住居専用地区等が一層活用されることと考えておりますので、御検討願いたい」と要望しているのが注目されている。

(3) 各審議会等答申

これらの動きを受けて、住宅宅地審議会、建築審議会、都市計画中央審議会等が、都市居住推進のための都市計画・建築規制制度、特に形態規制制度見直しの必要性等を答申した。

第一に、住宅宅地審議会『21世紀に向けた住宅政策の基本的体系はいかにあるべきか』(1994年9月)が、都心居住の推進に関して、「大都市地域の勤労者の職場から適当な時間距離内に良質な住宅を確保し、職住近接、都市サービスの享受が可能なライフスタイルを実現できるよう都心住宅の供給を

第3章　容積率制限等緩和型制度の体系における街並み誘導型地区計画制度の特色

促進する必要がある」としたうえで、「都心部における居住機能の回復、地域コミュニティの保全／再生を推進する観点から、都市計画・建築規制のあり方を見直す」ことが必要とした。

第二に、建築審議会建築行政部会『都心居住に対応した新たな住宅市街地形成のための形態規制のあり方について』(1994年7月)が、「壁面の位置を統一することにより道路空間と一体となった連続した歩道上のオープンスペースを建築敷地の中において確保するなど、街区レベルで環境に配慮した場合における形態規制のあり方を提示することが必要」とした。同報告は、その根拠として、「わが国の都心部の既成市街地は、住居空間を支える環境空間としての生活道路が不十分である……。このような市街地において、道路斜線制限等の形態規制の限度一杯に建築された結果、上部が斜めに切り取られた不整形な建築物が散見されるなど調和のとれない市街地が出現している」ことを指摘している点が注目された。

第三に、都市計画中央審議会・都市居住のための土地の有効利用のあり方に関する委員会『都心居住の推進のための今後の検討にあたっての基本的方向性について』(1994年12月)が、都心居住を実現する都市計画制度の基本的方向のひとつとして、「既成市街地等において、地区計画手法により、建築物の形態に関する規制の緩和と強化を組み合わせて、地域の特性や地権者の意向を詳細に反映させたきめ細かな対応を図り、これによって地権者等による建替えを誘導する方策について検討する」とした。

第四に、建築審議会建築行政部会市街地環境分科会専門委員会『都心居住への対応を中心とした良好な住宅市街地形成のための建築物の規制・誘導方策について』(1995年1月)が、「地区計画において建築物の高さ、配列、形態をそろえる等街区レベルでの環境に総合的な配慮がなされた場合に、前面道路幅員による容積率制限及び斜線制限を適用除外とする新たな制度の導入を図るべき」とした。同報告は、その根拠としては、「地域の特性に応じた建築形態を実現するために、規制の強化と緩和を組み合わせて段階的に建築物の形態を誘導する手法が有効である。」という認識を示した。

第3章　容積率制限等緩和型制度の体系における街並み誘導型地区計画制度の特色

3-2. 制度スキーム構築の基本理念

街並み誘導型地区計画制度の創設を含む都市再開発法等の一部を改正する法律案（以下「再開発法等改正法案」という。）は、大都市地域における住宅及び住宅地の供給の促進に関する特別措置法の一部を改正する法律案（以下「大都市法改正法案」という。）とともに、内閣提出法案として、第132回国会に提出され、1995年2月24日成立した。

国会衆議院建設委員会（以下「委員会」という。）における論議を分析すると、制度スキーム構築の基本理念として、次の4点が指摘される。

(1) 都心居住推進課題への対応

第一は、都心居住推進課題に資する形態規制制度の創設である。

委員会では、野坂浩賢建設大臣が、大都市法改正法案の提案理由として、「大都市地域においては、通勤時間の増大による中堅所得層の住宅立地に対する不満や都心における便利な生活へのニーズの高まり等により、都心の地域を中心として良質な住宅に対する著しい需要が存在する」[2]と、都心居住推進の必要性を説明した。次いで同建設大臣は、再開発法等改正法案について、「大都市地域を中心として居住環境の良好な住宅市街地を整備し、都市の健全な発展を図る必要性が高まっている現状等に鑑みれば、都市における土地の合理的かつ健全な高度利用と市街地環境の改善を図ることが重要」と説明したうえで、街並み誘導型地区計画制度創設は、「建築物の形態を適切に誘導するための地区計画制度の拡充」であるとした。

また法案審議の過程においては、政府委員等からも、都心居住推進の必要性が繰り返し指摘された。例えば、小川忠男建設大臣官房審議官により、「（大都市地域では）土地利用あるいは都市の構造という面から……圏域の構造全体に非常な歪みが生じている」、「都心地域の……公共インフラが遊休化している。一方で、郊外部において膨大な新規の投資需要が発生している」、「人口が空洞化した結果と……して地域のコミュニティが崩壊したとか、あるいは昔からの歴史、文化的な伝統が衰退した」ほか、「地域の安全面……

第3章　容積率制限等緩和型制度の体系における街並み誘導型地区計画制度の特色

にも影響が出始めている」等の説明がなされた[3]。

　すなわち、同制度の創設は、当時の大都市地域にの都心居住推進課題に対する総合的対処策における形態規制制度上の対処策として位置づけられていたことが伺える。

(2)　都市部における防災性の向上

　第二は、都市部における防災性向上に資する形態規制制度の構築である。

　1995年1月の阪神・淡路大震災は、兵庫県都市部を中心として甚大な被害をもたらした。建設大臣は改正法案の提案理由として、「今回の兵庫県南部地震の激甚な被災状況にかんがみれば、大都市地域における災害に強い町づくりを積極的に推進していくことが強く要請されて」おり、「今回の兵庫県南部地震の経験を踏まえれば、都市における防災性の向上も極めて重要な課題」[4]であることを説明した。

　また、建設大臣官房審議官も、「老朽木造住宅が耐火構造に建てかわる……零細な土地利用が共同化される」ことが、「防災性の向上という……観点からも非常に有意義であろう」との基本認識の下で、「災害に強い町をつくる……には、基本的にはやはり既成市街地の建てかえを活性化する……ことを通じまして、1つには建物自体を不燃化する、……2番目には、オープンスペースを確保する」ことが必要であり、同制度の創設による前面道路幅員による容積率制限の緩和等が、既成市街地における「防災性の観点からは、支障がないというよりはむしろ防災上も有効な措置であるだろう」[5]という説明もなされた。これらの発言からも、同制度創設が、都市部防災性向上にも資する形態規制制度上の対処策として位置づけられていたことが伺える。

(3)　既成市街地にも適用可能な制度

　都心空洞化問題への対処策としては、住宅確保・供給促進が既成市街地においても必要である。また都市部の防災性向上のためにも、既成市街地での老朽建物の建替え促進が必要である。以上に鑑み、第三に、基盤整備が不十

分な既成市街地をも対象として有効に適用できる形態規制制度創設が意図された。

特に、第2章で指摘したように、1990年に創設された用途別容積型地区計画制度も、都心居住推進課題に対処するための都市計画・建築規制制度であった。しかしながら、その適用対象は主として、公共施設が整備された地域を想定していた。事実、当時の住宅局長も、「非常に狭小な道路に添って密集しているような市街地で、……用途別容積型の地区計画……が活用できるかということに対しては……活用できない」とし、「都心部及び都心周辺で公共施設が……整備されていて、道路があって、なおかつ敷地も……広い」地域を想定しているという答弁を行っていた[6]。街並み誘導型地区計画制度は、前面道路幅員による容積率制限が市街地更新の制約条件となるような基盤整備が不十分な地域も含め、都心部の既成市街地全般にも適用できること想定したものである。

なお、委員会では、長内順一委員が、「大都市の都心地域における住宅の需要の対応というのは、……平成2年に都市計画法、それから建築基準法の改正……の中でさまざまな都市計画の手法がとられている」とし、「住宅地高度利用地区計画制度……が、昨年末までに全国で4地区、三大都市圏では埼玉で2地区のみ……用途別容積型地区計画制度……も、……2地区、東京のみ」と用途別容積型地区計画等の策定状況を提示したうえで、「何でこれが活用されないのか……これも今回の法改正に相通ずるところがあると思うのですが」[7]と質問した。これに対して、近藤茂夫建設省都市局長は「地価高騰の真っ最中ということで、……当時の住宅供給の実態は、そもそも都心地域において施策の対象となり得るような状況ではなかったということが基本的な原因」であり、「地価が安定、下落している状況のもとで初めて……広い意味の都心を……住宅供給施策の対象として考えることができるようになった」と回答した[8]。この発言から、大都市の既成市街地を対象とした都市計画・建築規制上の対処策の有効性が発揮される環境条件が整ったとの認識が伺える。梅野捷一郎建設省住宅局長による、「定期借地権ですとか特定優良賃貸住宅制度というような新しい枠組みが整備をされまして、地価とい

第3章 容積率制限等緩和型制度の体系における街並み誘導型地区計画制度の特色

うものが家賃その他に比較的顕在化しない具体的な手法というものも整備されてきた」という発言にも同様の認識が伺える[9]。

(4) 市町村の創意工夫と地域住民の主体的参画

既成市街地において市街地環境の整備・改善を図るためには、地域の特性にふさわしい市街地像を実現するため規制・誘導等の措置を講じる必要がある。また、地権者による個別の建築活動の積み重ねを通じてこれを進めて行かざるを得ない点に鑑み、形態制限の緩和というインセンティブ措置を含むことにより、地域住民が自ら主体となって市街地環境の整備・改善に取り組む仕組みをつくる必要性も高い。このような認識の下で、第四として、市町村の創意工夫を可能とし、地域住民の主体的参画を実現する形態規制制度の創設が意図された。

委員会でも、松本龍委員が「この地区計画の手法によってどれだけ住民参加が近づいてくるのか、いわゆる計画と住民の近接感というか、そういうのが醸成されくるか」が重要と指摘し[10]、建設省大臣官房審議官も「その地域に密着した形での計画を、高さでございますとか、壁面の位置について決める」と回答した[11]。これらの発言からも、市町村の創意工夫、地域住民の主体的参画による市街地環境の整備・改善を推進するための形態規制制度創設の意図が伺える。

3-3. 法令上の規定と緩和の根拠

街並み誘導型地区計画は、3-2.の基本理念の下で、具体的には次のような制度として創設された。

(1) 法令上の規定

街並み誘導型地区計画は、
a) 地区計画の地区整備計画において、イ)容積率の最高限度、ロ)敷地面積の最低限度、ハ)壁面の位置の制限（道路に面する壁面の位置の制限に限る）、ニ)建築物の高さの最高限度、ホ)壁面の位置の制限として定められた

第3章　容積率制限等緩和型制度の体系における街並み誘導型地区計画制度の特色

限度の線（都市計画法12条の5第7項後段）と敷地境界線との間の土地の区域における工作物の設置の制限が定められており、

　b)　条例（建築基準法68条の2）で、a)ロ)ハ)ニ)に掲げる事項に関する制限が定められており、

　かつ、

　c)　a)の区域内の建築物であり、地区計画の内容にも適合している

場合に、「特定行政庁が交通上、安全上、防火上及び衛生上支障がないと認める」建築物に関しては、前面道路幅員による容積率制限が適用されない（同法68条の3第4項）。また、a)、b)かつc)で、しかも、「敷地内に有効な空地等が確保されていること等により、特定行政庁が、交通上、安全上、防火上及び衛生上支障がないと認める」建築物については、道路斜線、隣地斜線及び北側斜線による制限が適用されない（同法68条の3第5項）とする制度である。

　都心部の既成市街地では、道路等の基盤整備が不十分であり、接道条件が良好でない狭小な敷地が多い。このような土地の有効利用を図り、一定の居住水準と住環境を備えた良好な住宅を供給していくうえで、道路幅員による容積率制限は大きな制約条件であった。また、道路斜線制限等の限度一杯に建築されたため、上部が斜めに切られた不整形な建築物は、調和のとれない市街地景観を現出させていた。さらに、このような市街地では、一体的な土地利用転換による再開発という手法を普遍的に適用していくことは不可能で、この意味で新たな道路整備も困難であり、また指定容積率制限の緩和措置も必ずしも有効な手法とならなかった。

　このため街並み誘導型地区計画制度では、このような既成市街地においても、「必ずしも一体的な相当規模の建築行為を前提とするものではなく、地権者による個別の建築活動の積み重ねにより」、「街並みを誘導しつつ、土地の合理的かつ健全な有効利用を推進及び良好な環境の形成を図」[12]り、もって都心居住推進、防災性向上にも資する制度スキームが構築されている。

第3章　容積率制限等緩和型制度の体系における街並み誘導型地区計画制度の特色

(2)　制度の特色

このような街並み誘導型地区計画制度は、容積率制限等緩和型制度の体系において、次のような特色を有する制度となっている。

(1)　一般市街地の総合的コントロール手法の確立

街並み誘導型地区計画制度は、同じく地区計画の拡充により創設された容積率制限等緩和型制度である用途別容積型地区計画制度（建築基準法68条の3第3項）、誘導容積型地区計画制度（同1項）、容積適正配分型地区計画制度（同2項）と併せて適用することが実務上容易である。街並み誘導型地区計画制度創設の特色は、第一に、一般的な市街地において、基盤施設の整備状況とのきめ細かなバランスを保ちつつ、建築物の用途・容積・形態を総合的にコントロールすることにより、地域特性にふさわしい市街地像を実現する手法を初めて確立した点にある。

従来、建築物の用途・容積・形態を総合的にコントロールし、市街地像を実現する手法としては、例えば再開発地区計画があった。例えば、その方針には、建設省建設経済局長他（1988）が、「再開発地区計画の方針は、…、誘導すべき市街地の態様等について、関係権利者、住民等が容易に理解できるように定めること」とするように将来市街地像が定められる。また、容積率の最高限度が定められている区域内では、特定行政庁の認定により、具体的には「特定行政庁が交通上、安全上、防火上及び衛生上支障がないと認めるものについては、第52条の規定は、適用しない」（建築基準法68条の5第1項）としている。指定容積率制限のみならず前面道路幅員による容積率制限も緩和される。さらに、特定行政庁の許可により、具体的には「再開発地区計画に関する都市計画において定められた土地利用に関する基本方針に適合し、かつ、当該再開発地区計画の区域における業務の利便の増進上やむを得ない」建築物に関しては、建築基準法48条第3項から第12項までに定められた許可要件に加え、特定行政庁が「あらかじめ、その許可に利害関係を有する者の出頭を求めて公開による聴聞を行い、かつ、建築審査会の同意を

91

第3章　容積率制限等緩和型制度の体系における街並み誘導型地区計画制度の特色

得」て許可することにより、同法48条及び別表第2によって定められた用途地域内の建築物の用途制限を緩和することができるとされる（同法68条の5第4項）ように、容積率制限が適用除外にできるほか、用途制限の緩和措置もある。加えて、公共施設整備や空地・通路の確保、建築物の用途、形態、床面積に関するより詳細な制限を定めることにより、地域特性にふさわしい市街地像の実現に向け、土地利用転換を誘導していくことが可能である。例えば、建設省建設経済局長他（1988）は、再開発地区整備計画における壁面の位置の制限について、「道路に面して、若しくは他の建築物との間に有効な空地を確保し、又は区域内の建築物の位置を整えることにより、良好な環境を備えた各街区が形成されるように定めること。特に高度利用を図る建築物の周囲の道路における歩行者交通の処理を適切に補完する必要がある場合には、これを積極的に活用すること。」としている。さらに、建築物の高さの最高限度は、近隣に対する日照等の環境を保持すること、又は、区域内における建築物のスカイラインを整えることにより、良好な市街地空間が形成されるよう定めること。」としている。

　しかしながら、再開発地区計画制度の主な適用対象は、一体的な土地利用転換が想定されている地域であり、一般的な市街地ではない。すなわち建設省建設経済局長他（1988）は、「木造家屋が密集している市街地の再開発等の場合においても活用できるものであること」とするが、建設事務次官（1988）が示すように、あくまで「相当程度の土地の区域における土地利用転換を円滑に推進するため、……創設された制度で」あり、具体的には、建設省建設経済局長他（1988）が示すように、「工場、倉庫、鉄道操車場又は港湾施設の跡地等の相当規模の低・未利用地における一体的な土地利用転換」が想定される場合での適用を意図した制度である。なお、このような同制度創設の背景は、水口（1992）、簔原（1992）に詳しい。

　実際、街並み誘導型地区計画制度創設以前に、同制度の適用とほぼ同様の効果を期待し、既成市街地において再開発地区計画制度が適用された事例として、新宿区若葉地区再開発地区計画があった。

　しかし、同制度の適用・運用に際しては、適用上の困難や運用上の限界が

第3章 容積率制限等緩和型制度の体系における街並み誘導型地区計画制度の特色

あった。以下では、この事例を詳細に分析することにより、街並み誘導型地区計画制度の創設が、一般的な市街地を対象として、建築物の用途・容積・形態を総合的にコントロールすることにより、市街地環境の整備・改善を実現する手法を確立した点で画期的であることを分析する。

若葉地区は、新宿区の南東部に位置し、若葉一丁目、二丁目及び三丁目並びに南元町の一部を含む面積5.6 haの区域である。同地区は、夜間人口の減少に加え、住環境面、防災面等に多くの問題を抱えていた。具体的には、1)夜間人口が18年間で34％減少し、空洞化が急速に進展した、2)崖地に囲まれた地形で、道路等の多くが4 m未満で行き止まりである、3)敷地規模が狭小で、建物が密集し、日照・通風も悪く、災害危険性も高い、4)若葉通りは、幅員に比し交通量が多く、渋滞発生や歩行者の事故危険が日常化している等の問題を抱えていた。

このため、建設省市街地住宅密集地区整備事業（現、密集住宅市街地整備促進事業）整備計画（1992年策定）においても重点整備地区として位置づけられ、具体的には、個別の建築活動の積み重ねにより、住宅供給、防災性向上、空地整備による良好な居住環境と歩行者安全確保等の市街地環境の整備・改善を図るため、都市計画・建築規制手法を適用することとされた。しかしながら、この時点では、街並み誘導型地区計画制度はなく、再開発地区計画が都市計画決定された（1994年）。このため、同制度が本来意図した地区ではなかったこともあり、適用上の困難や運用上の限界があった。

1つには、同地区で期待されていた土地利用転換は、いわゆる2号施設のような大規模な公共施設を伴うものでなく、標準的な2号施設は定められていない。

建設省建設経済局長他（1988）は、「道路の幅員は、2号施設としては原則として12 m以上」とするが、同計画における2号施設は、若葉通りの延長580 mに及ぶ拡幅であり、計画幅員は8 mであった。また再開発地区整備計画に定めた容積率の最高限度も、指定容積率と同一で、同計画は指定容積率制限の緩和を意図したものではなかった。それでもなお、同計画において容積率の最高限度を定めたのは、前面道路幅員による容積率制限等を緩和

第3章 容積率制限等緩和型制度の体系における街並み誘導型地区計画制度の特色

表 3-1 若葉地区再開発地区計画の概要

名称			若葉地区再開発地区計画			
位置			新宿区若葉町一丁目、若葉二丁目、若葉三丁目及び南元町各地内			
面積			約 5.6 ha			
再開発地区計画の目標			1)魅力ある都市型住宅への建替え促進、定住人口の回復 2)道路等基盤整備による良好な居住環境の確保			
主要公共施設の配置及び規模			種類	名称	幅員	延長
			道路	地区内主要道路1号	8 m	約 580 m
再開発地区整備計画	位置		新宿区若葉町一丁目、若葉二丁目、若葉三丁目及び南元町各地内			
	面積		約 4.9 ha			
	地区施設の配置及び規模		種類	名称	幅員	延長
			道路	区画道路2号	6 m	約 45 m
			道路	区画道路3号	8 m	約 180 m
	建築物等に関する事項用途制限	用途制限	3階以上の階が住宅等以外の用途及び風俗営業の用途に供する建築物の禁止			
		容積率の最高限度	30/10			
		敷地面積最低限度	300 ㎡(但し、現にこれ未満の面積で全部を一敷地として使用する場合、適用除外)			
		壁面の位置の制限	計画図に示す壁面線を超えた建築物の壁面又は柱の面の建築禁止			
		高さの最高限度	25 m 以下（但し、面積 300 ㎡未満の敷地には北側斜線制限あり）			
		形態、意匠の制限	敷地の地区内主要道路1号境界線から崖地境界線方向への長さに対する建築物（3階以上部分）の長さの割合 7/10 以下			
		垣、さくの構造の制限	道路に面する高さ 60 ㎝以上の門又はへいに関するコンクリートブロック造等禁止			

94

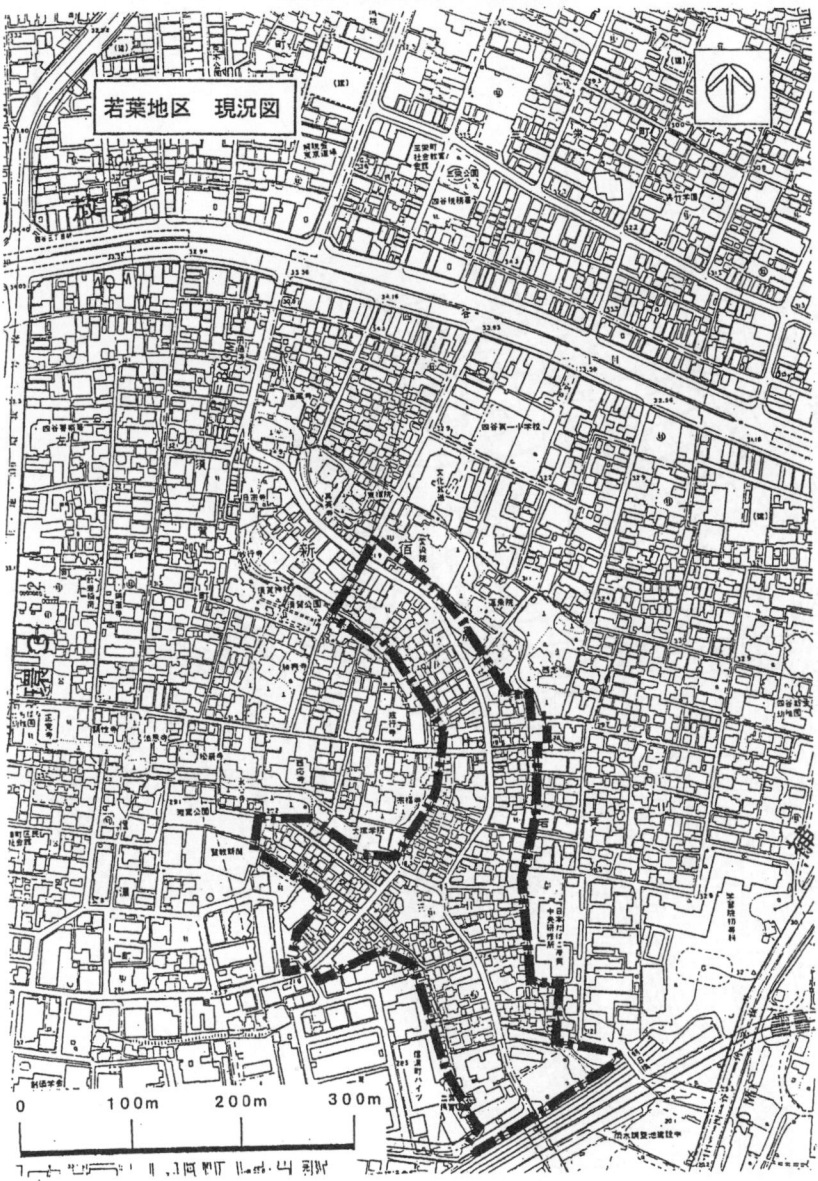

第3章 容積率制限等緩和型制度の体系における街並み誘導型地区計画制度の特色

図3-4 若葉地区 現況図

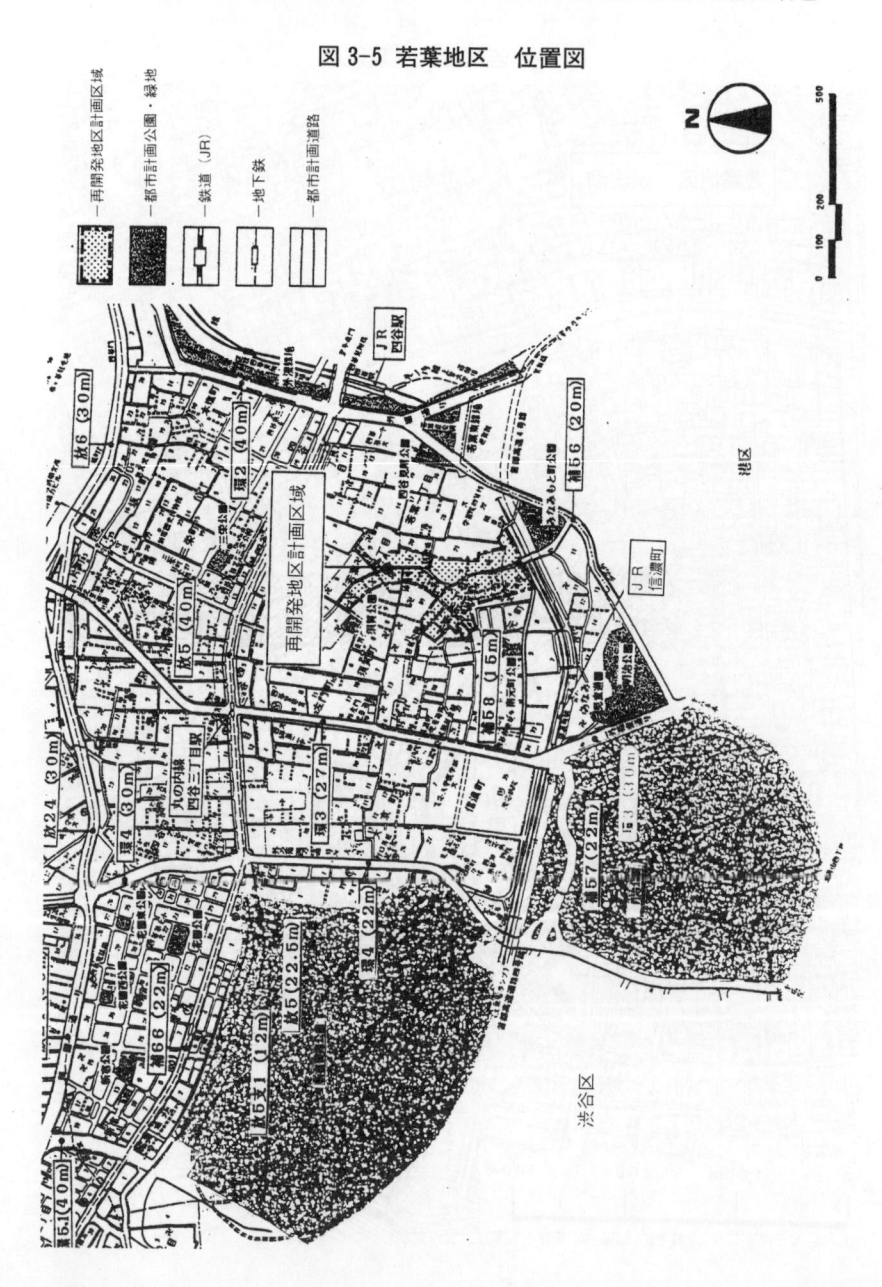

第3章 容積率制限等緩和型制度の体系における街並み誘導型地区計画制度の特色

図 3-5 若葉地区　位置図

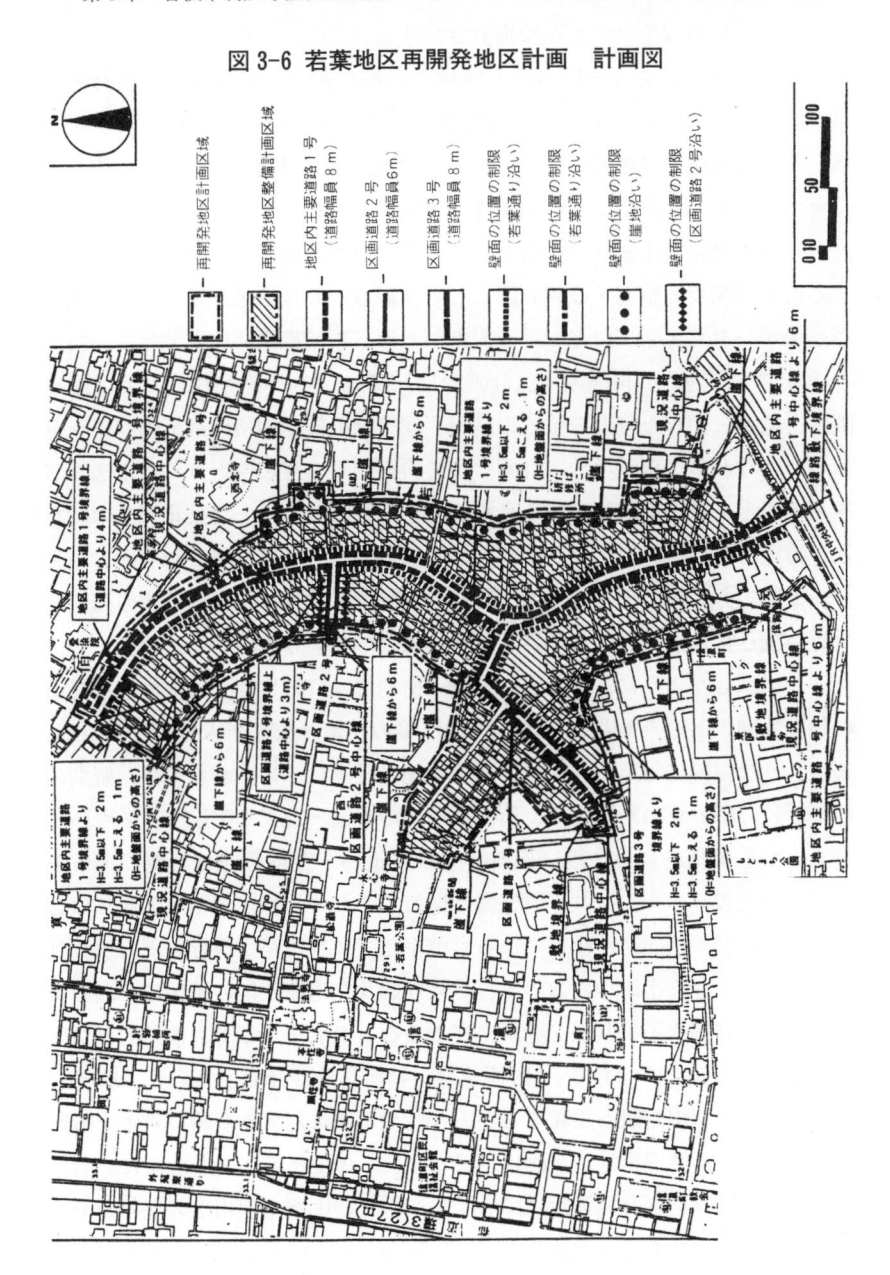

第3章 容積率制限等緩和型制度の体系における街並み誘導型地区計画制度の特色

図 3-6 若葉地区再開発地区計画 計画図

第3章 容積率制限等緩和型制度の体系における街並み誘導型地区計画制度の特色

するためのいわばテクニカルな措置といえる。

　2つに、大規模かつ一体的な土地利用転換を想定した再開発地区計画では、斜線制限の緩和に関して詳細な建築制限等の前提条件は要請せず例えば、壁面の位置の制限等を前提とせず、敷地内の有効な空地の確保のみを要件とする。その結果、緩和の手続きは建築審査会の同意を経た特定行政庁の許可という厳格な手続きを必要とする。このため、個別の建築活動の誘導による市街地環境の整備・改善を図るという観点からは機動性に乏しく、地権者へのインセンティブ付与という観点からは、事前確定性にも欠けていた。

　それでも同地区の再開発地区計画では、25ｍという建築物の高さの最高限度、道路に面した壁面の位置の制限、建築物の敷地面積の最低限度等を定める、すなわち、再開発地区計画として斜線制限の緩和を行ううえで法律が求める以上に詳細な建築制限を計画に定めることにより、建築審査会の同意及び特定行政庁の許可という手続きが円滑に進むことを期待したものといえる。それでもなお、街並み誘導型地区計画制度における特定行政庁の認定という手続きに比較すれば、事前確定性に欠けるという限界があった。

　すでに示したように、都心部の既成市街地では、特に都心居住推進、都市の防災性向上という観点からの市街地環境の整備・改善が求められていた。このような目的に対応し、街並み誘導型地区計画に求められたのは、個別の建築活動の積み重ねを通じて、市街地環境の整備・改善を実現するスキームであった。具体的には、地区施設レベルの道路・空地整備は必要であっても、2号施設レベルの公共施設整備は期待できない、指定容積率の緩和は必要としないが、前面道路幅員による容積率制限及び道路等斜線制限の緩和は必要であるという市街地において、建築形態及び道路空地の確保のための街並みに係る詳細な建築制限を計画に定めることを前提として、機動的かつ事前確定的な方法、すなわち、「計画適合－特定行政庁認定」という手続きにより、道路等斜線制限も緩和するという計画手法に対する要請に対応する制度として街並み誘導型地区計画は創設されたものである。また同時に、若葉地区での再開発地区計画策定に際しての適用上の困難や運用上の限界を確実に解消するものでもあった。

(2) 地権者への高いインセンティブ効果

　第二の意義は、同制度による前面道路幅員による容積率制限の緩和措置が、従来の特例措置等と比較し、高いインセンティブ効果を有する点である。

　従来、前面道路幅員による容積率制限の特例規定としては、壁面線の指定（建築基準法46条）、予定道路の指定（同法68条の7）等があった。

　特定行政庁が壁面線を指定すると、具体的には、「街区内における建築物の位置を整え、その環境の向上を図るために必要があると認める場合に」、「指定に利害関係を有する者の出頭を求めて公開による聴聞を行」った上で、「建築審査会の同意を得て」指定すると（建築基準法46条1項）、「建築物の壁、若しくはこれに代わる柱又は高さ2メートルを越える門若しくはへいは壁面線を越えて建築してはならない。」（同47条）として、壁面線を超える部分に建築制限が課せられる。このほか、特定行政庁が許可した建築物に関しては、「街区内において、前面道路と壁面線との間の敷地の部分が当該前面道路と一体的かつ連続的に有効な空地が確保されており」、かつ、「交通上、安全上、防火上及び衛生上支障がない」と認め、建築審査会の同意を得て許可した場合、「当該前面道路の境界線又はその反対側の境界線はそれぞれ当該壁面線にあるものとみな」される（同52条8項前段）。ただし、「当該建築物の敷地のうち、前面道路と壁面線との間の部分の面積は、敷地面線又は敷地の部分の面積に算入しない」（同後段）この特例規定は、1987年、建築基準法改正により創設された[13]。

　壁面線は、1995年3月末現在、全国26市町村、68箇所において、延長117.8 kmに亘って指定されている。しかしながら、前面道路幅員による容積率制限の特例規定が創設された1987年11月以降の7年半における指定実績は、わずか3市4箇所、延長654.3 m（総延長の0.55％）にすぎない。

　このため、壁面線制度は、市街地環境の整備・改善を図る手法としては有効であるが、例えば、建設省住宅局長(1995)が、「壁面線は、それぞれの地域において市街地環境の向上に寄与してきた……が、全国的には、必ずしも制度の十分な活用がなされてきたとは言い難い」としたように前面道路幅員

第3章 容積率制限等緩和型制度の体系における街並み誘導型地区計画制度の特色

表3-2 1987年11月以降の壁面線の指定実績（1997年3月末）

市区町村名	指定場所	指定時期	用途地域	指定延長	前面道路幅員	後退距離
静岡県沼津市	大手町	1990.9.29	商業	292(m)	12～22(m)	2.0(m) 4.0(m)
兵庫県明石市	東仲ノ町	1989.10.17	商業	114(m)	6.0(m)	4.0(m)
				101(m)	12(m)	2.0(m)
	大蔵谷字狩口	1990.12.11	近商	17.5(m)	駅広	7.5(m)
				77(m)	12(m)	2.0(m)
北九州市小倉北区	古船場町	1989.7.25	商業	52.8(m)	4.7-6.7(m)	6.7ｲ)(m)
合　計				654.3 m		

（注）イ）反対側境界線からの後退距離

による容積率制限の特例が有するインセンティブ効果には限界があるとの指摘もあった。このため、「壁面線制度の活用が従来必ずしも十分ではなかった住宅地等において、街区内の生活道路に沿って壁面線を指定することが安全で快適なまちづくりを進めるうえで極めて効果的である」として、1995年の建築基準法改正により、同制度は大幅に拡充された。

一方、特定行政庁による予定道路の指定の効果としては、地区計画等に道の配置及び規模が定められている場合で、予定道路の敷地となる土地所有者等の同意を得た場合等に際し、政令で定める基準に従い、特定行政庁が指定する(建築基準法68条の7第1項・2項)ことによって、壁面線の指定と同様の建築制限が課せられるほか、建築物の敷地が予定道路に接するとき等において、特定行政庁が、建築審査会の同意を得て、「交通上、安全上、防火上及び衛生上支障がないと認めて許可した建築物」については、予定道路の幅

第3章 容積率制限等緩和型制度の体系における街並み誘導型地区計画制度の特色

員を前面道路幅員と見なして容積率制限が適用される（同68条の7）。ただしこの場合も、予定道路に係る部分の面積は敷地面積に算入されない。この特例規定は、1992年、建築基準法改正により創設された[14]。

予定道路指定の全実績を表3に示す。地区計画が都市計画決定されているのは、全国1179地区である（1993年3月31日現在）。このうち、予定道路が指定されているのは、全国8地区にすぎない。このため予定道路の指定も、道路整備推進のための手法としての有効性はさておき、市街地環境の整備・改善のためのインセンティブ効果には限界があった。

壁面線あるいは予定道路の指定の効果は、前面道路幅員による容積率制限

表 3-3 予定道路の指定実績 (1997年3月末)

地区名	所在地	年月日	面積	予定道路指定状況
上細井住宅団地	前橋市	1991.6.1	6.1 ha	幅6m、延長110m
下大島東	前橋市	1991.6.1	4.0 ha	幅6m、延長530m
長宮	上福岡市	1993.12.27	12.5 ha	(計20本)
築地	上福岡市	1993.12.27	17.0 ha	(計18本)
蓮用駅東口周辺	蓮田市	1994.1.28	12.0 ha	(計7本)
コモアしおつ	四方津	1991.12.10	58.0 ha	幅6m、延長63m 幅6〜10m、延長69m
内瀬東	茨木市	1992.8.26	8.9 ha	幅27本、延長108m
中央東部	都城市	1990.12.13	2.0 ha	幅9m、延長210m 幅12m、延長100m
合計			120.5 ha	

第3章 容積率制限等緩和型制度の体系における街並み誘導型地区計画制度の特色

に関して、壁面線を道路境界線と見なす又は計画幅員を道路幅員と見なす特例措置であり、制限自体の適用を除外するものではない。また、壁面線と道路境界線の間の面積又は予定道路内の部分の面積は、敷地面積に算入されない。加えて強い権利制限を伴うため、指定に際し、利害関係者の聴聞等、厳格な手続きが求められる。

街並み誘導型地区計画制度は、前面道路幅員による容積率制限や道路等斜線制限自体の適用を除外することを可能とするものであり、しかも、敷地面積の算入除外もない。このため、地権者に対して、従来にないより高いインセンティブを付与する可能性を拓いたといえる。

(3) 容積・形態の制限緩和の根拠

このような制限緩和が建築基準法上可能であった理由は、次のように解される。

すなわち、建築基準法上、道路には、通行、避難、消防等の交通空間及び日照、採光、通風等の環境空間という2つの役割があるとされる。道路幅員による容積率制限は、前者に対応し、局所的な公共施設負荷の制御を図るとともに、後者に対応し、道路斜線制限等とともに、局所的な市街地環境を確保するために課されていると解されている[15]。

しかしながら、大都市の一般的な既成市街地において道路の拡幅は困難であるし、何より、公共施設としての道路整備によらなくとも、詳細な建築物の形態制限が課され、かつ、民地上であっても道路と一体的な歩行者空間等空地が連続的に確保されれば、局所的な公共施設負荷の制御及び市街地環境の確保が可能となる。

このような建築物のコントロール手法に関しては、多数の地区計画等策定実績を通じて、知見と経験が蓄積されてきた。こうした知見と経験が、制度スキームに反映されることにより、道路幅員による容積率制限及び道路等斜線制限の緩和が可能となった。

特に、建築基準法における道路等斜線制限の緩和は、従来、厳格な手続きを要していた。具体の建築計画を対象として、建築物の容積、形態等に対す

第 3 章 容積率制限等緩和型制度の体系における街並み誘導型地区計画制度の特色

る詳細な建築制限を地域地区による都市計画に定める特定街区制度（建築基準法60条）を除けば、総合設計（同59条の2）、高度利用地区（同59条）、再開発地区計画（同68条の5）等のいずれの制度も、道路等斜線制限の緩和に対しては、建築審査会の同意を経た特定行政庁の許可という手続きを要していた。

街並み誘導型地区計画制度は、これら緩和制度において特定行政庁の裁量により担保してきた建築物が局所的な市街地環境に与えるインパクトの制御が、地区計画及び建築条例による詳細な建築制限により地区で一体的かつ計画的に担保されることを条件として、特定行政庁の認定という手続きによる道路斜線制限等の緩和を可能としたものと解される。

なお、既に述べた通り、街並み誘導型地区計画による容積率制限の緩和は以上の根拠に基づき、用途地域による指定容積率の緩和は行わず、局所的な公共施設負荷の制御を図ることを目的とする前面道路幅員による容積率制限に限り緩和するものであり、この点は、本制度が基本的には容積率制限等緩和型制度の第3類型に属するものの、再開発地区計画等と異なる特色となっている。

(4) 制度運用実態と立法目的実現の評価

街並み誘導型地区計画制度の計画決定事例を分析し、立法目的が制度運用実態においても実現されているか否かを評価する。

① 計画決定状況

同制度は、全国の3市区町村7地区、385.3 ha に及ぶ地区で計画決定されている（表3-4）。

このうち、野田北部地区以外の6地区378.9 ha においては、用途別容積型地区計画制度が併用されている。各地区の計画内容を見ると、良質な居住の確保、住機能と商業・業務機能との調和、良好な市街地景観の形成等が方針として定められ、これを実現するうえで必要な建築物に関する詳細な制限が定められているという意味で、立法目的が実現されている。

第3章　容積率制限等緩和型制度の体系における街並み誘導型地区計画制度の特色

表 3-4 街並み誘導型地区計画の計画策定事例

地区名		野田北部地区	神田和泉町地区			人形町・浜町地区	京橋地区	新川・茅場町地区	日本橋問屋街地区	築地地区
所在地		神戸市長田区	東京都千代田区			東京都中央区				
面積		約 6.4 ha	約 4.3 ha			約 93.6 ha	約 77.1 ha	約 69.9 ha	約 82.7 ha	約 51.3 ha
地区計画の目標		1)住み続けられるまちづくり 2)ぬくもりのあるまち 3)住宅と商業の調和する共存のまち 4)災害に強い安全なまち	1)快適で魅力ある居住機能の確保・回復と都市機能更新の誘導 2)安全で快適な歩行者空間確保と個性豊かな都市空間の創生			1)住宅施設の立地促進 2)住宅、商業機能等の調和のとれた賑わいと活気に満ちた複合市街地の形成 3)都心の複合市街地に相応しい街並み形成				
地区整備計画	地区区分	住宅地区	住商協調地区	A地区	B地区	C地区	商業地区	住居地区		
	用途地域	1種住居	近隣商業	商業	商業	商業	商業	商業	住居	商業	商業
	容積率	20/10	30/10 40/10	80/10	50/10	60/10	50/10 60/10 70/10	50/10 60/10 70/10	40/10	50/10 60/10 70/10	50/10 60/10 70/10 80/10	50/10 60/10 70/10 80/10
	建蔽率	6/10	8/10	8/10	8/10	8/10	8/10	8/10	6/10	8/10	8/10
	建築物の用途制限		パチンコ屋、射的場等				風俗関連営業の用に供する建築物				
	容積率の最高限度	指定容積率	指定容積率	別掲（表3-7）			別掲（表3-8）				
	敷地面積最低限度	80 m²		50 m²			300 m²				
	壁面の位置の制限	道路境界線から0.5 m	同左 幅員15m以上道路を除く	道路境界線から1.0 m 複数の接面道路に壁面の位置の制限がある場合、1方向を除き50 cm			1)道路境界線から1 m（8＜W） 2)道路境界線から0.5 m（4≦W≦8） 3)道路中心線から2.2 m（W＜4）				
	工作物の設置の制限	門、塀、かき、さく広告塔、広告板		塀、棚、門、広告物、看板等交通の妨げとなる工作物			塀、棚、門、広告物、看板等交通の妨げとなる工作物				
	高さの最高限度	別掲（表3-5）		40 m	26 m（W＜6） 26 m（6≦W）	36 m	別掲（表3-6）				

(備考) イ) 敷地面積の最低限度は、現にそれ未満の面積の敷地で、その全部を一敷地に利用する場合、適用しない。
　　　ロ) Wは前面道路幅員 [m]

第3章 容積率制限等緩和型制度の体系における街並み誘導型地区計画制度の特色

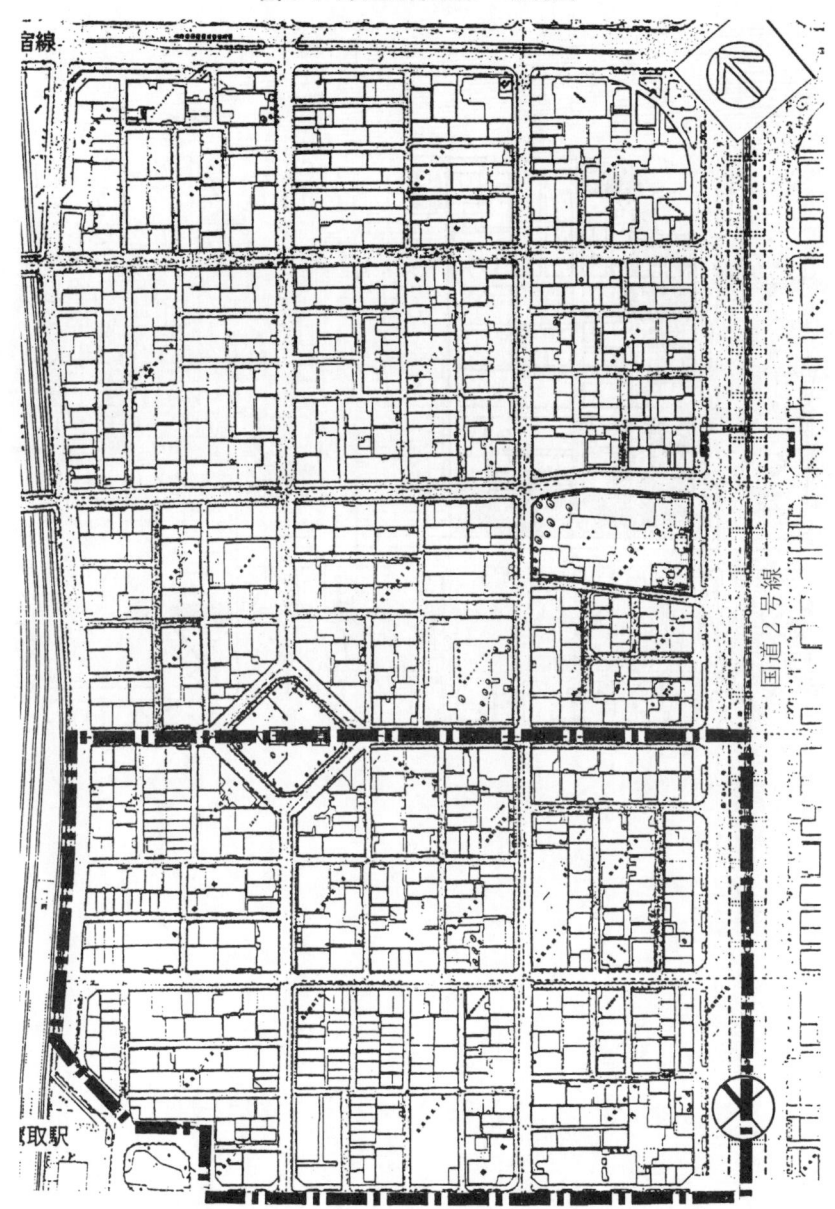

図 3-7 野田北部地区　現況図

第3章 容積率制限等緩和型制度の体系における街並み誘導型地区計画制度の特色

図 3-8 野田北部地区 計画図

第3章 容積率制限等緩和型制度の体系における街並み誘導型地区計画制度の特色

図 3-9 神田和泉地区 現況図

第3章 容積率制限等緩和型制度の体系における街並み誘導型地区計画制度の特色

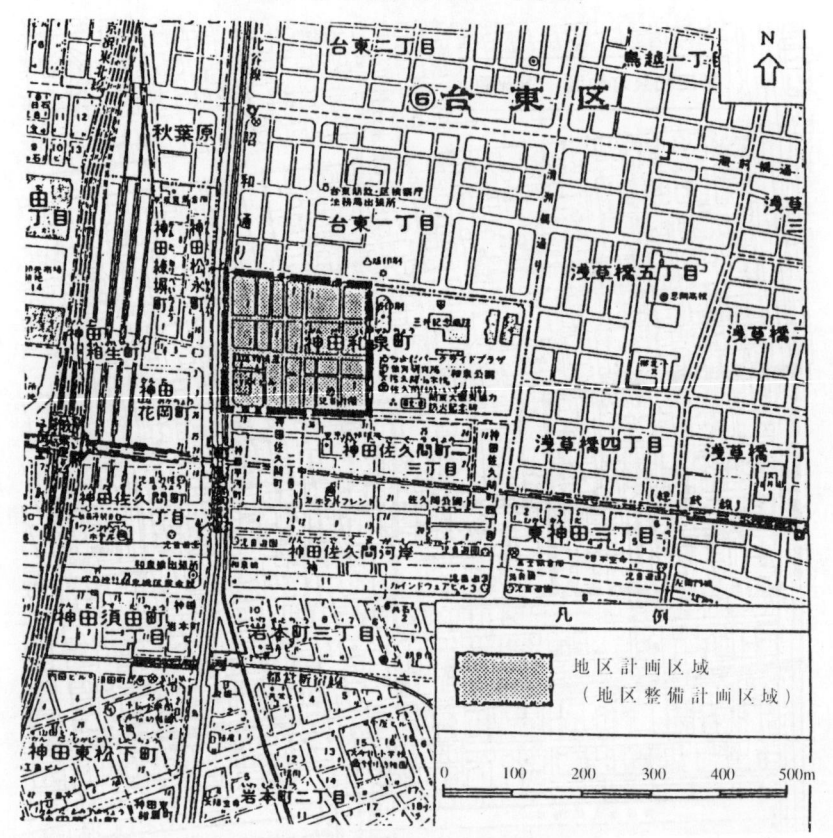

図3-10 神田和泉地区 位置図

第3章　容積率制限等緩和型制度の体系における街並み誘導型地区計画制度の特色

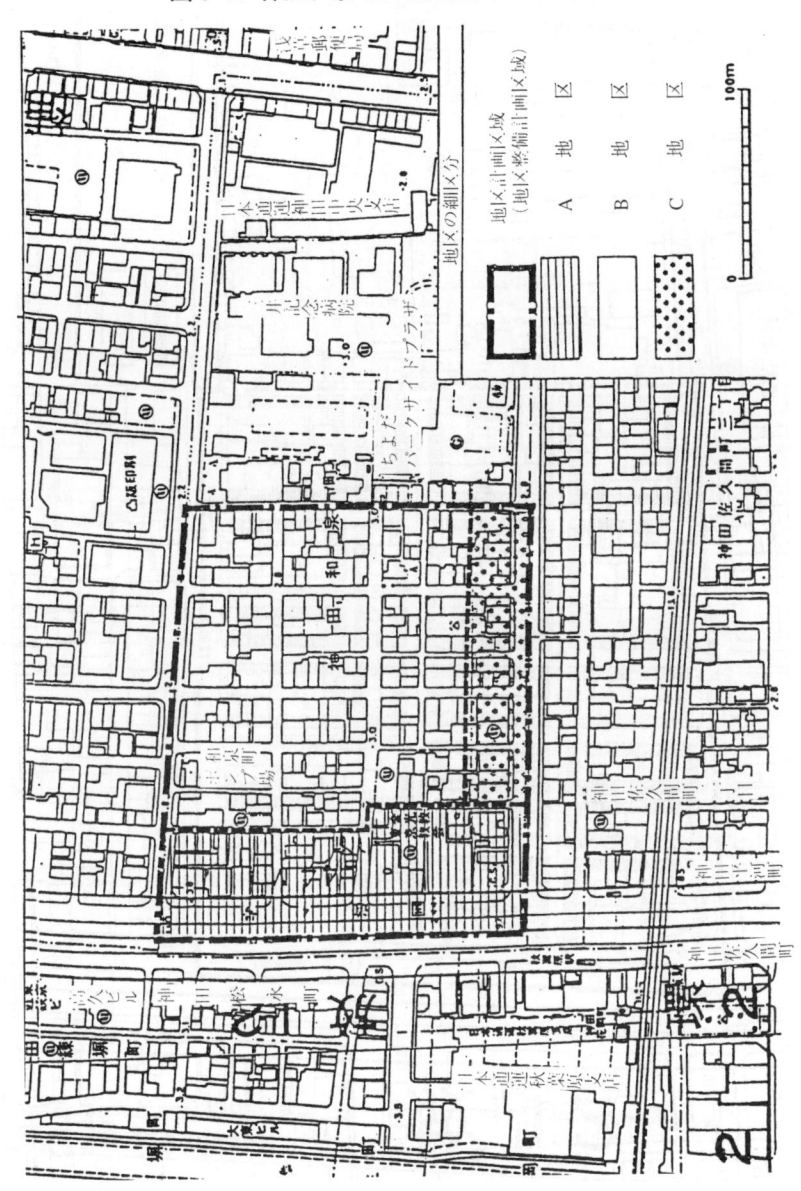

図 3-11　神田和泉地区地区計画　計画図 1

第3章　容積率制限等緩和型制度の体系における街並み誘導型地区計画制度の特色

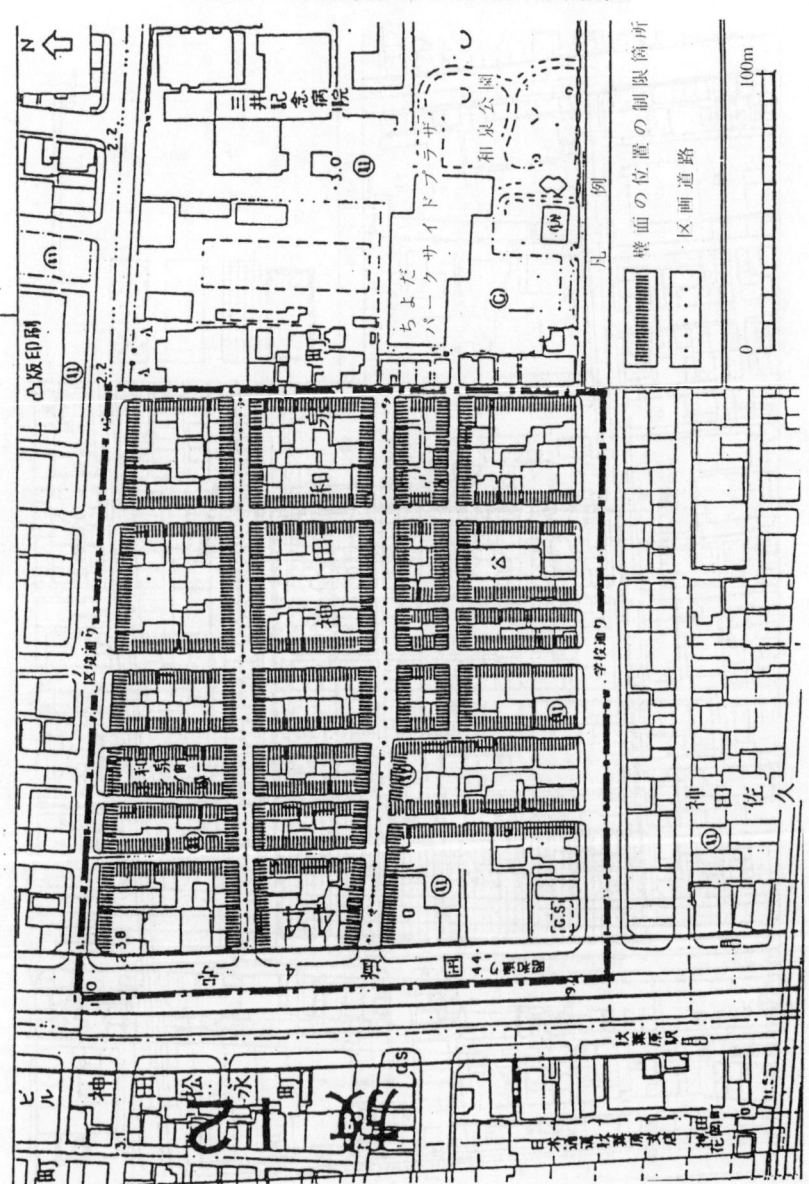

図3-12　神田和泉地区地区計画　計画図2

第3章 容積率制限等緩和型制度の体系における街並み誘導型地区計画制度の特色

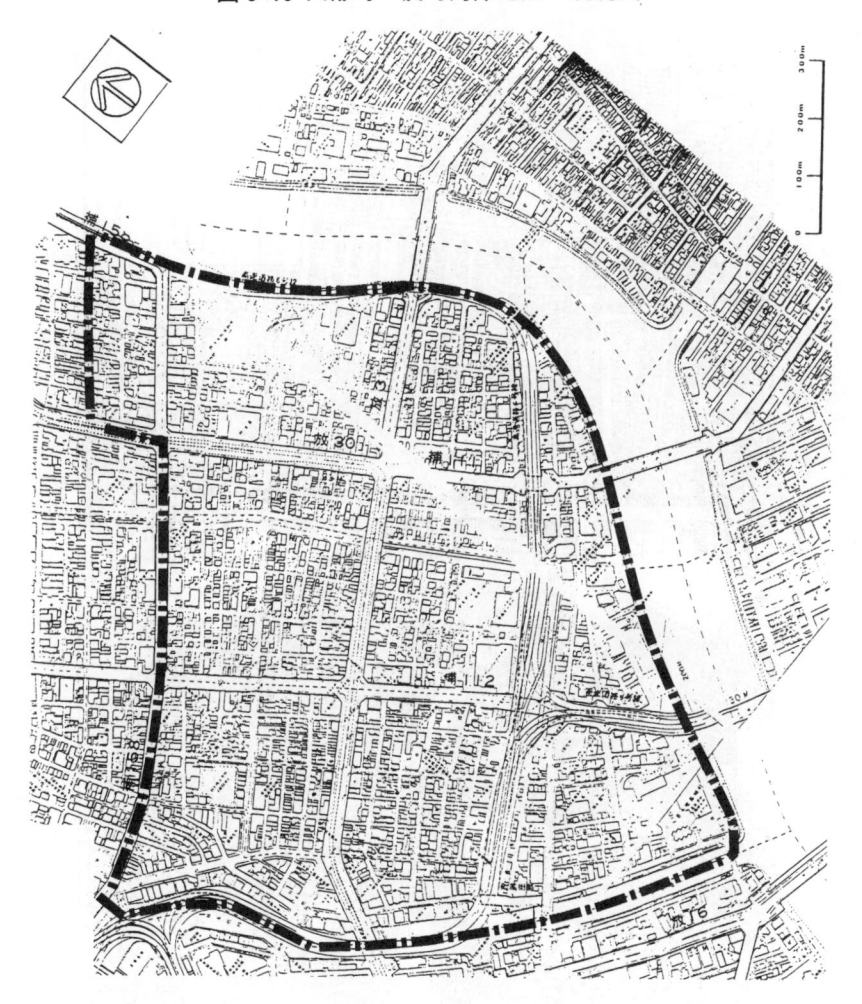

図 3-13 人形町・浜町河岸地区　現況図

第 3 章 容積率制限等緩和型制度の体系における街並み誘導型地区計画制度の特色

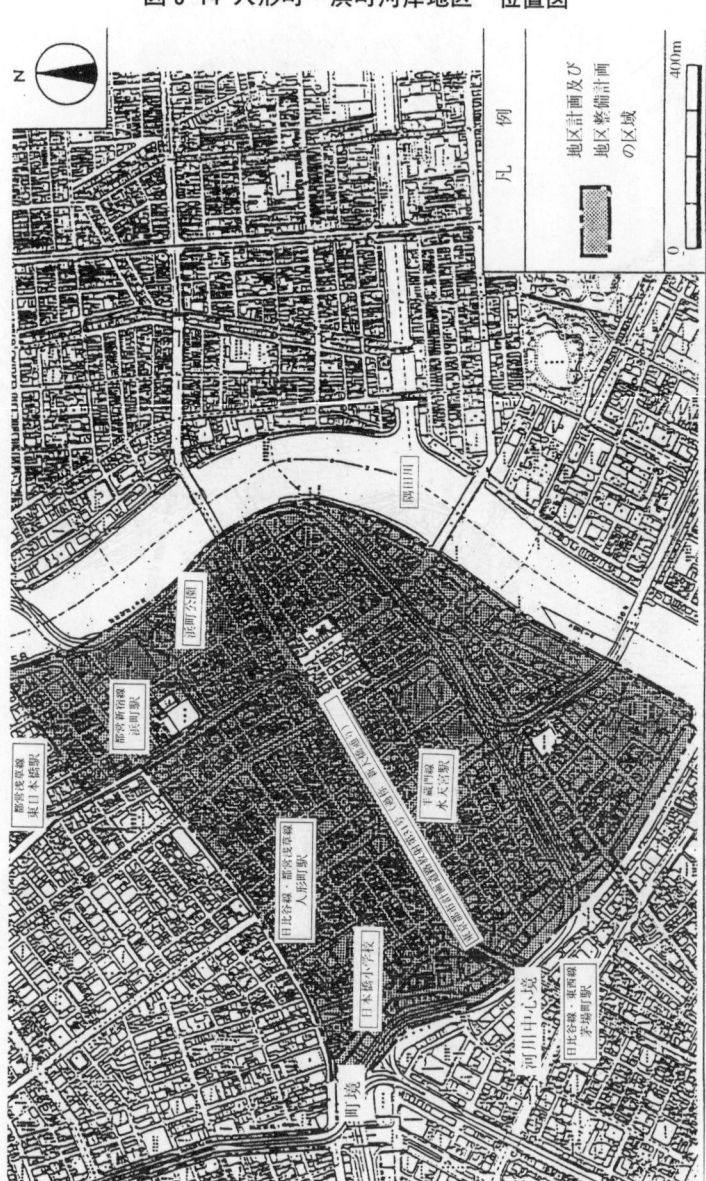

図 3-14 人形町・浜町河岸地区　位置図

第3章　容積率制限等緩和型制度の体系における街並み誘導型地区計画制度の特色

図 3-15　人形町・浜町河岸地区地区計画　計画図 1

第3章 容積率制限等緩和型制度の体系における街並み誘導型地区計画制度の特色

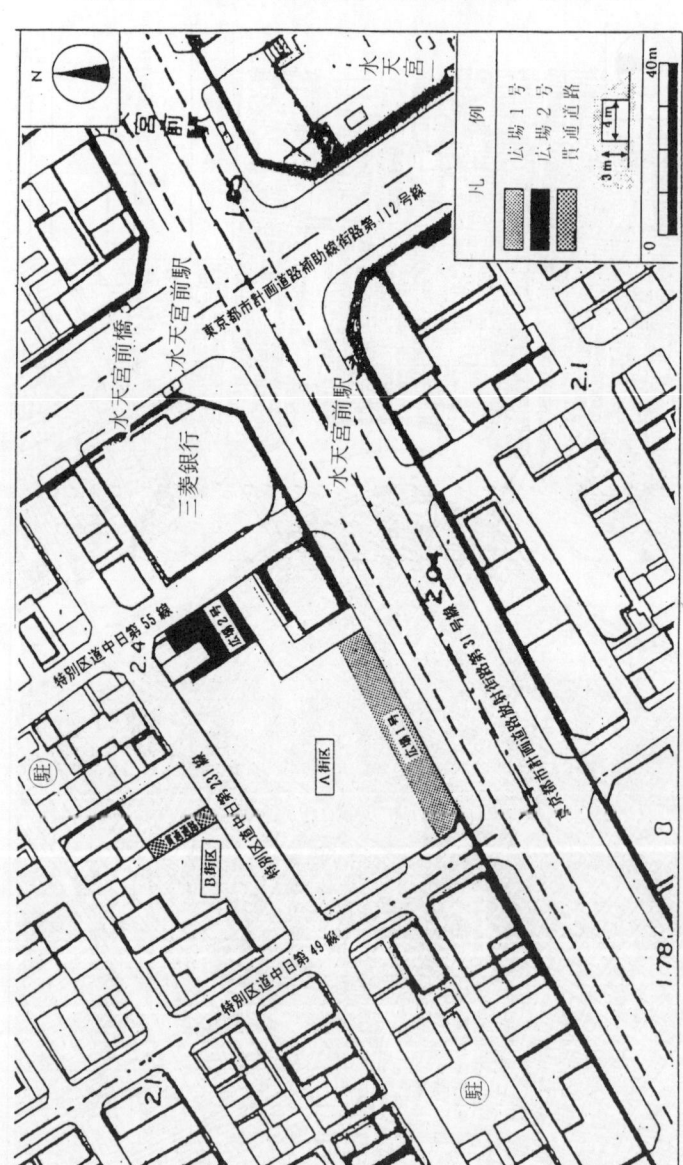

図 3-16 人形町・浜町河岸地区地区計画　計画図 2

第 3 章 容積率制限等緩和型制度の体系における街並み誘導型地区計画制度の特色

図 3-17 京橋地区 現況図

第3章 容積率制限等緩和型制度の体系における街並み誘導型地区計画制度の特色

図 3-18 京橋地区 位置図

地区名称	
①	二木橋問屋街地区
②	人形町・浜町河岸地区
③	新川・茅場町地区
④	京橋地区
⑤	築地地区

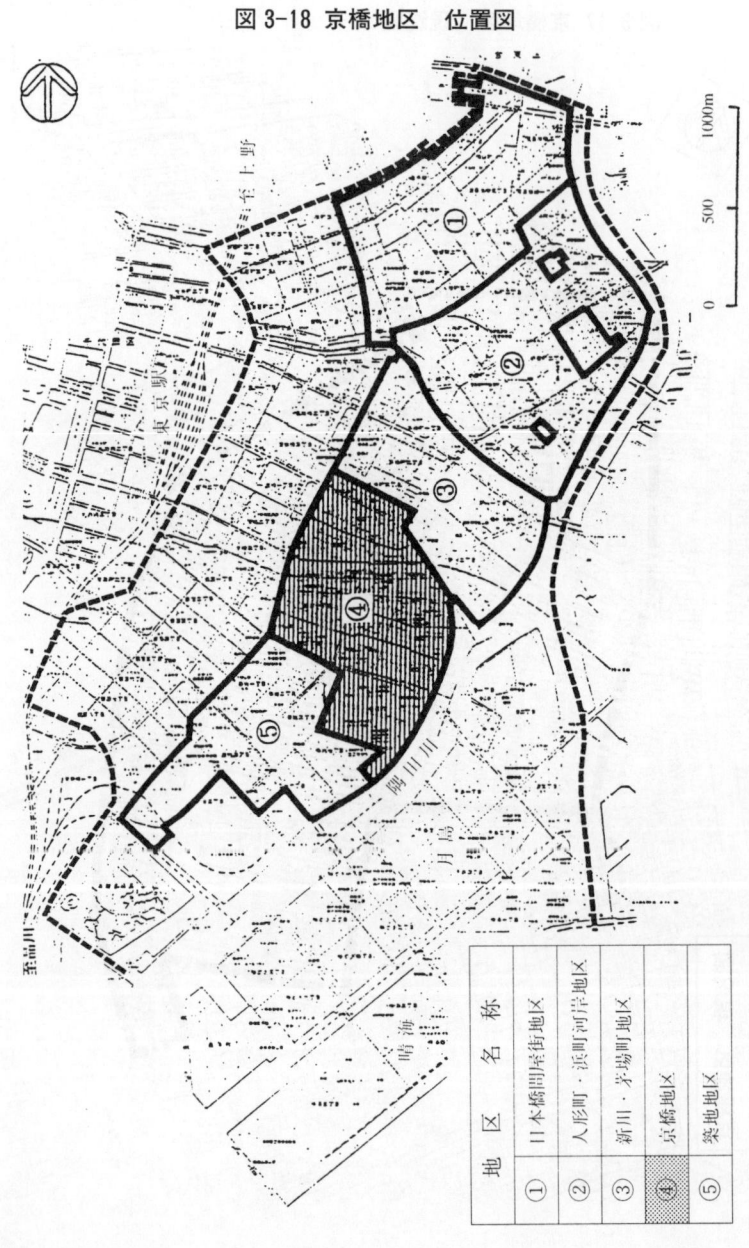

第3章 容積率制限等緩和型制度の体系における街並み誘導型地区計画制度の特色

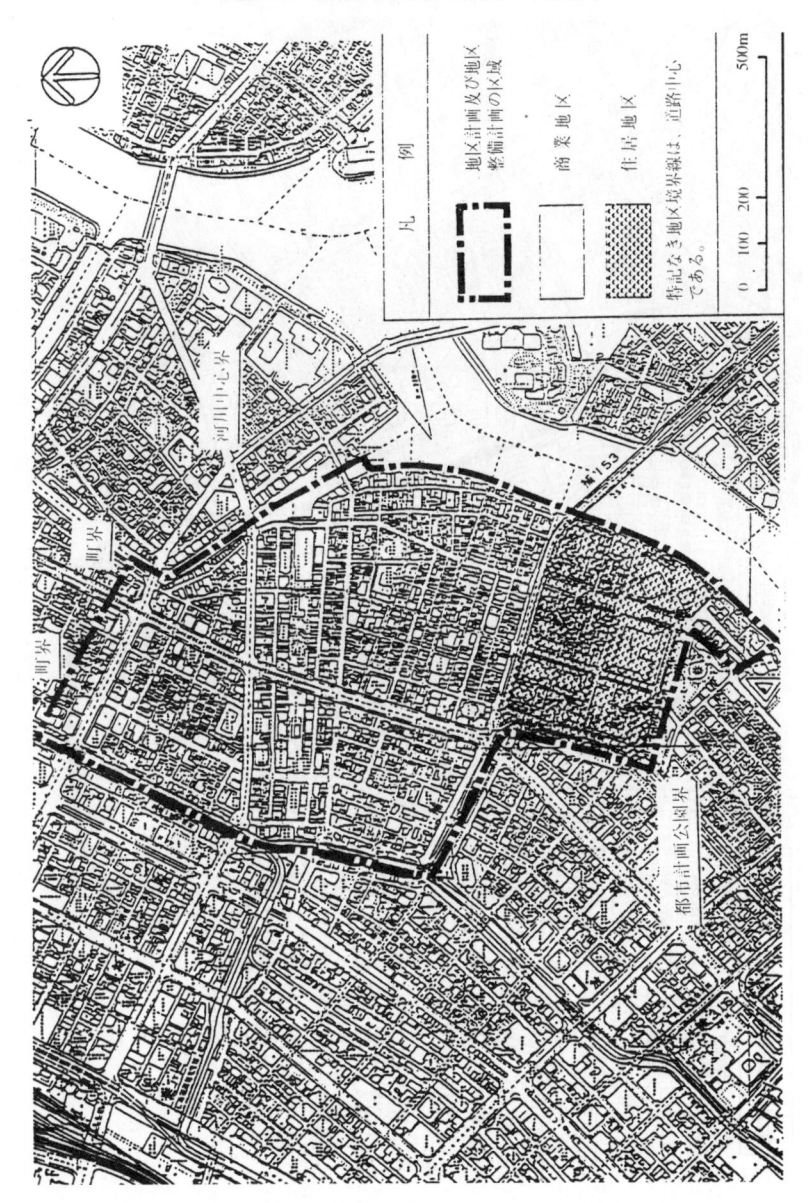

図3-19 京橋地区地区計画　計画図

第3章 容積率制限等緩和型制度の体系における街並み誘導型地区計画制度の特色

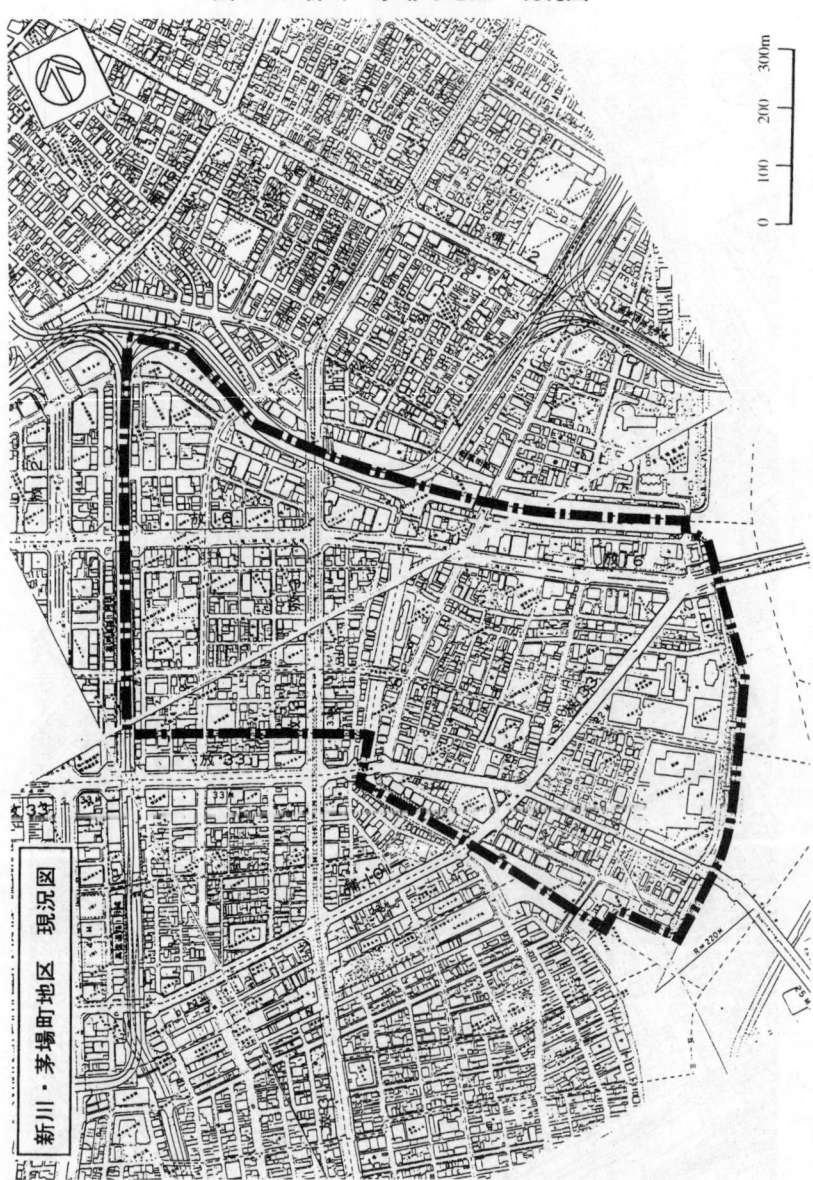

図 3-20 新川・茅場町地区　現況図

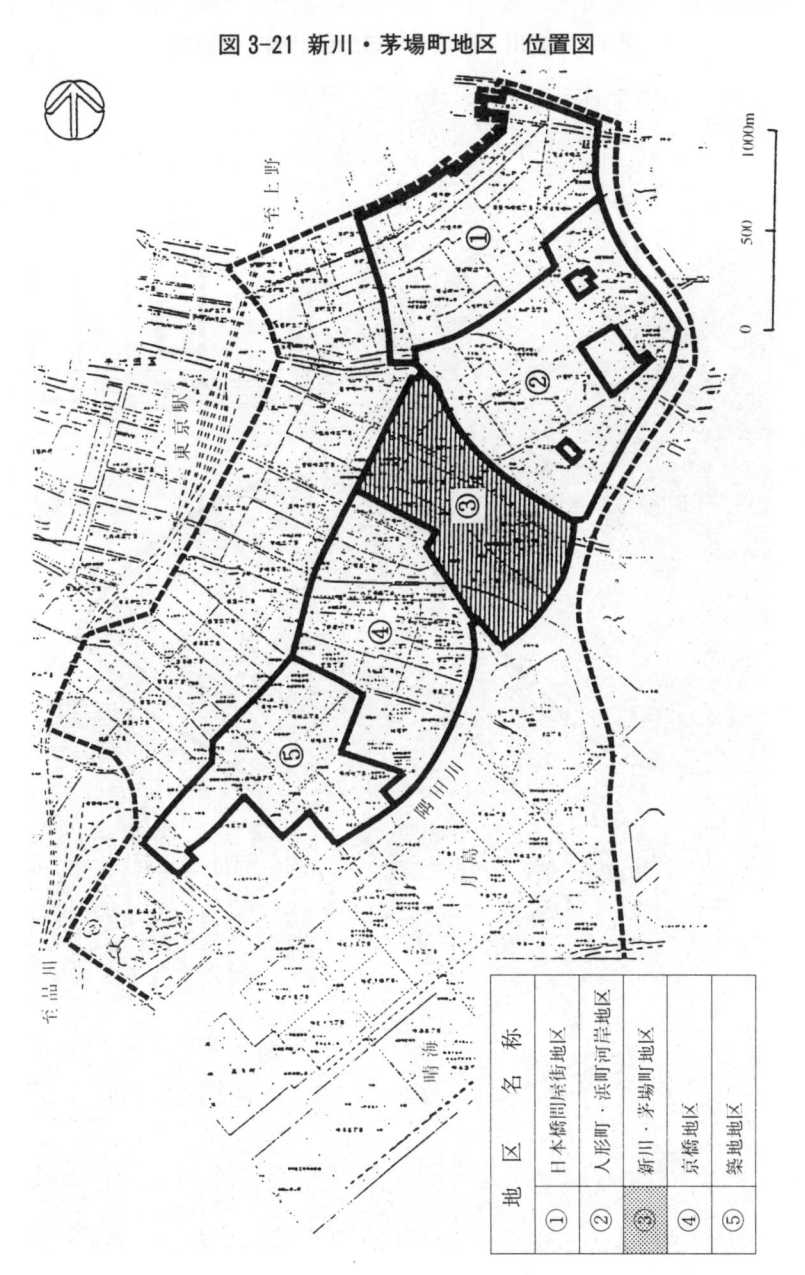

第3章 容積率制限等緩和型制度の体系における街並み誘導型地区計画制度の特色

図3-21 新川・茅場町地区 位置図

地区	名称
①	日本橋川岸街地区
②	人形町・浜町河岸地区
③	新川・茅場町地区
④	京橋地区
⑤	築地地区

119

第3章 容積率制限等緩和型制度の体系における街並み誘導型地区計画制度の特色

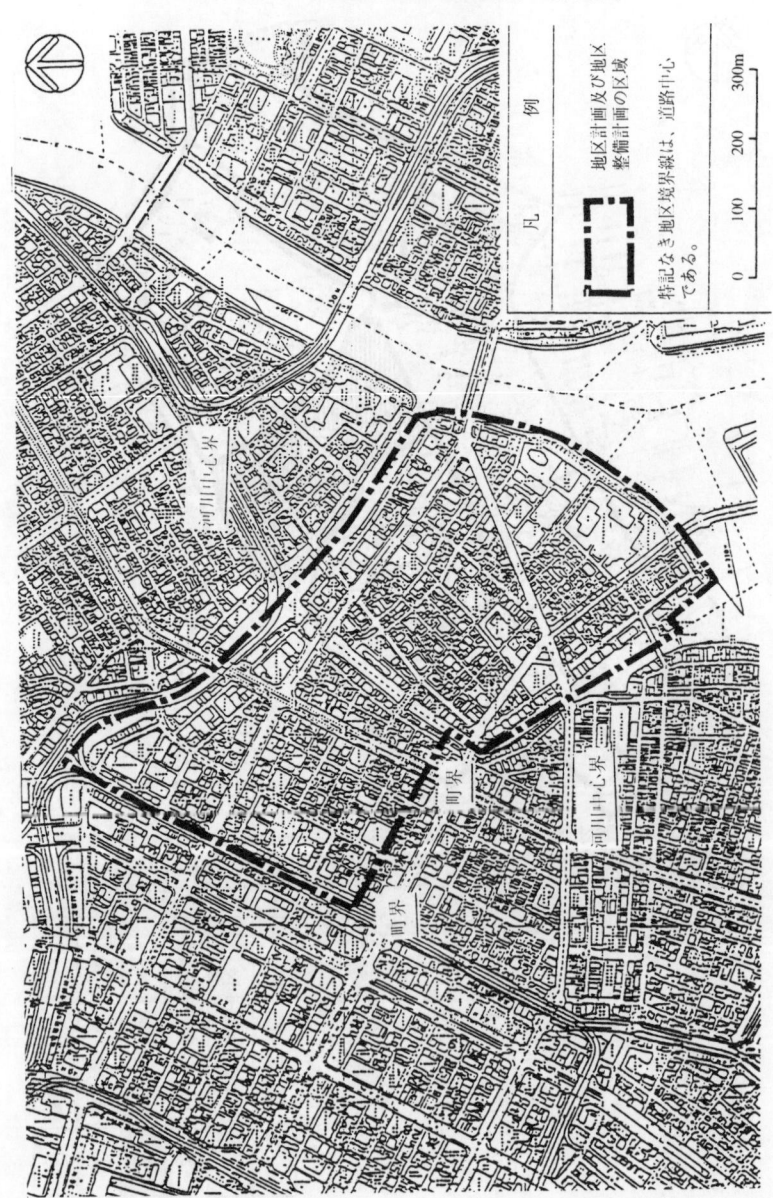

図 3-22 新川・茅場町地区地区計画　計画図

第3章 容積率制限等緩和型制度の体系における街並み誘導型地区計画制度の特色

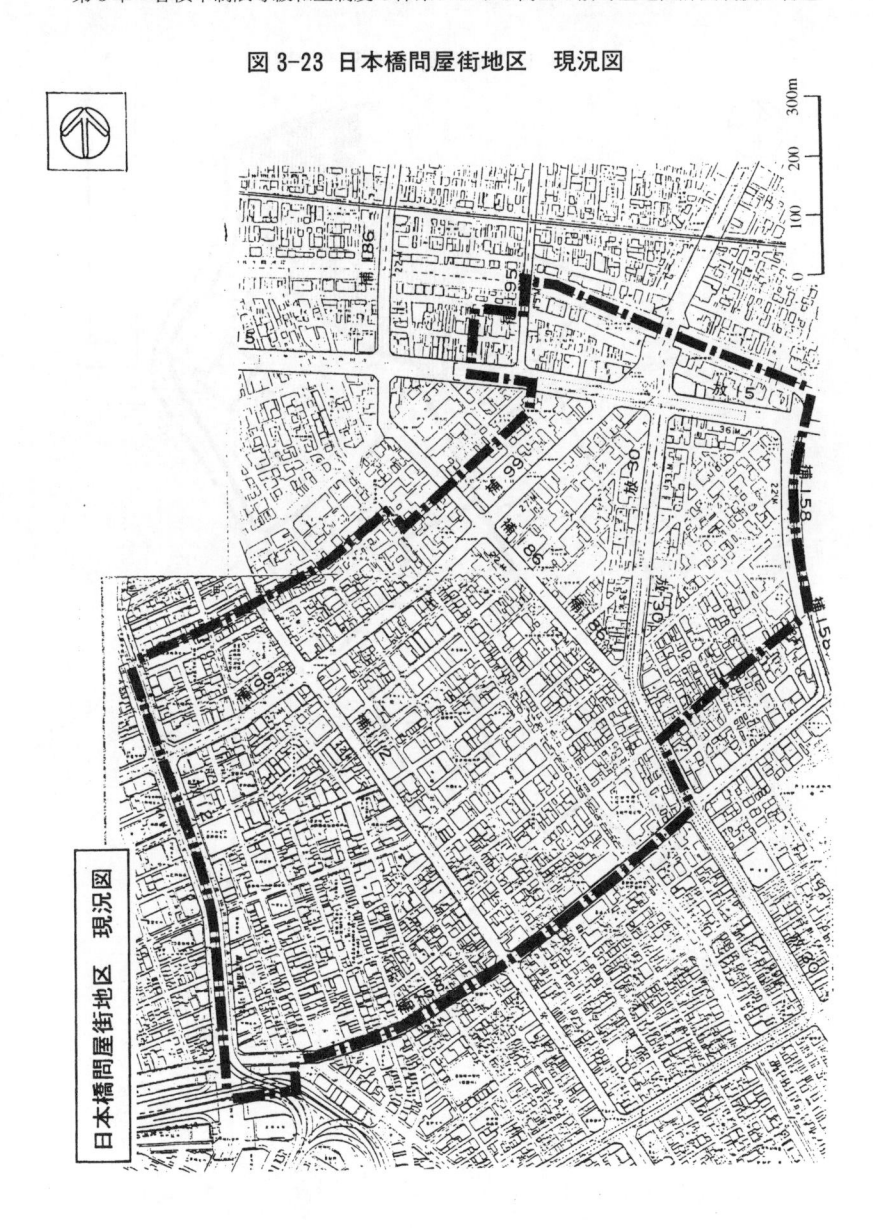

図 3-23 日本橋問屋街地区　現況図

第3章　容積率制限等緩和型制度の体系における街並み誘導型地区計画制度の特色

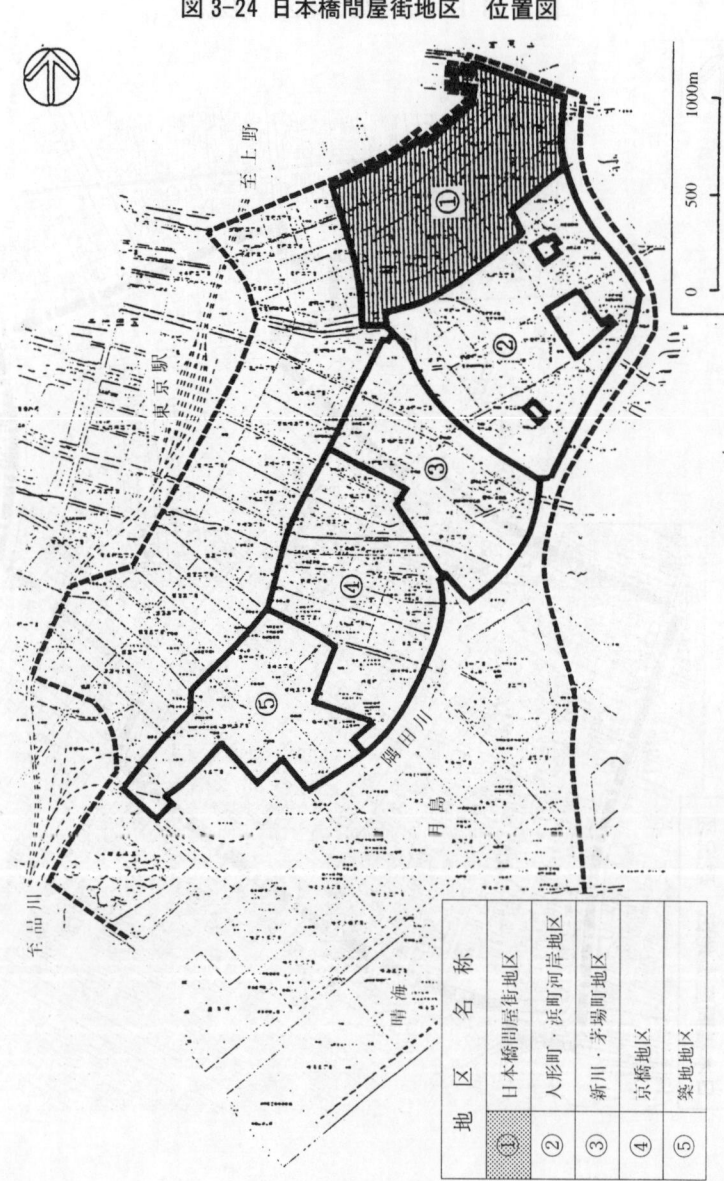

図 3-24 日本橋問屋街地区　位置図

地区	名称
①	日本橋問屋街地区
②	人形町・浜町河岸地区
③	新川・茅場町地区
④	京橋地区
⑤	築地地区

122

第3章 容積率制限等緩和型制度の体系における街並み誘導型地区計画制度の特色

図 3-25 日本橋問屋街地区　計画図図

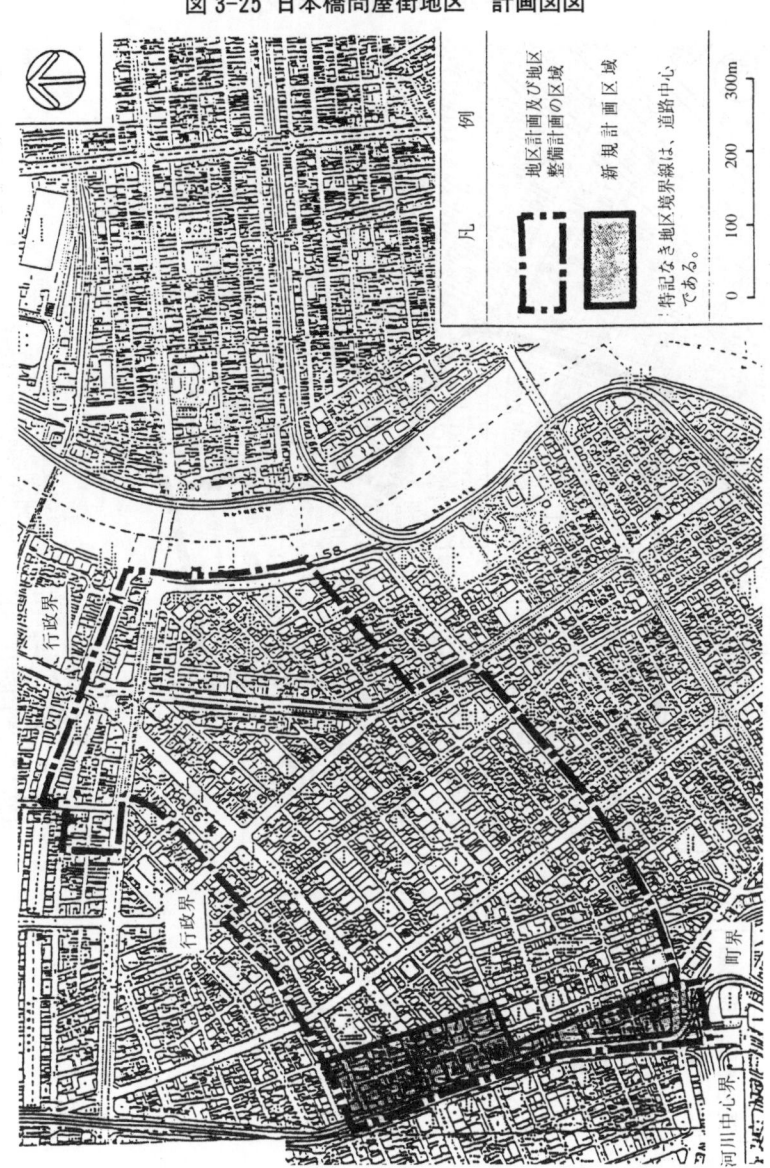

第3章 容積率制限等緩和型制度の体系における街並み誘導型地区計画制度の特色

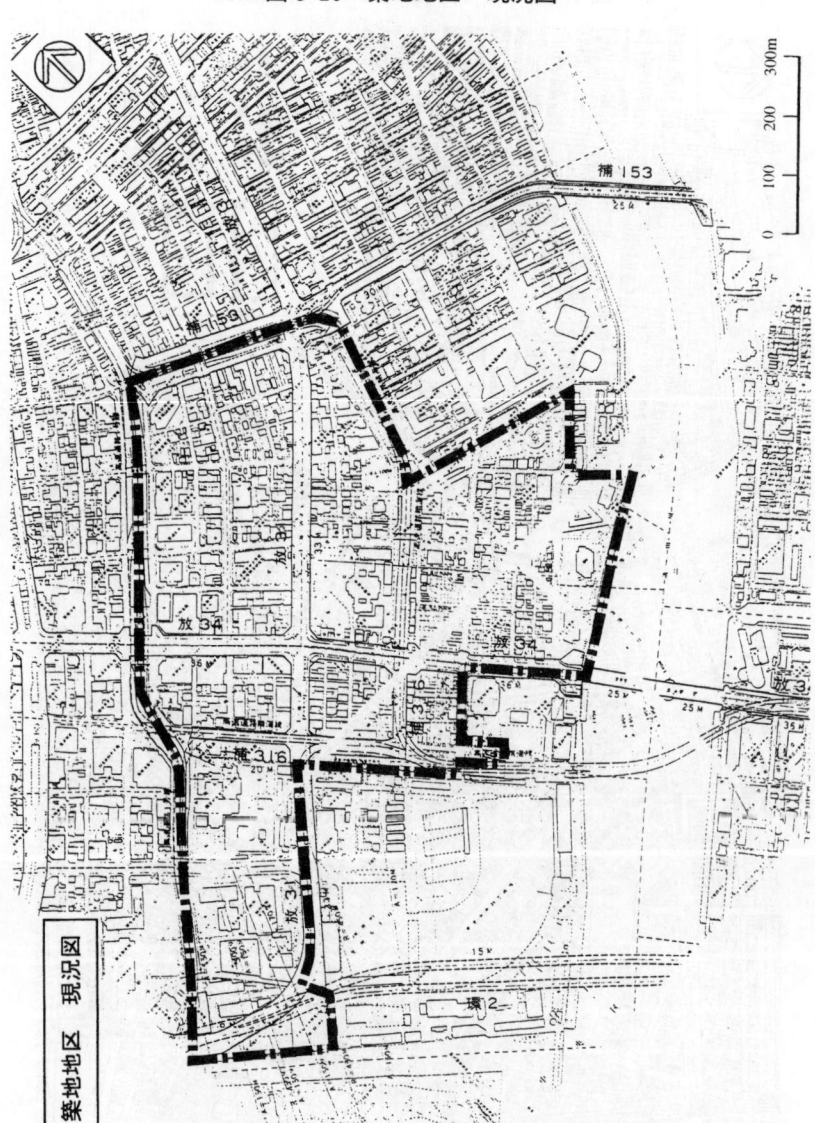

図 3-26 築地地区 現況図

第3章 容積率制限等緩和型制度の体系における街並み誘導型地区計画制度の特色

図 3-27 築地地区 位置図

地区名称		
①	日本橋問屋街地区	
②	人形町・浜町河岸地区	
③	新川・茅場町地区	
④	京橋地区	
⑤	築地地区	

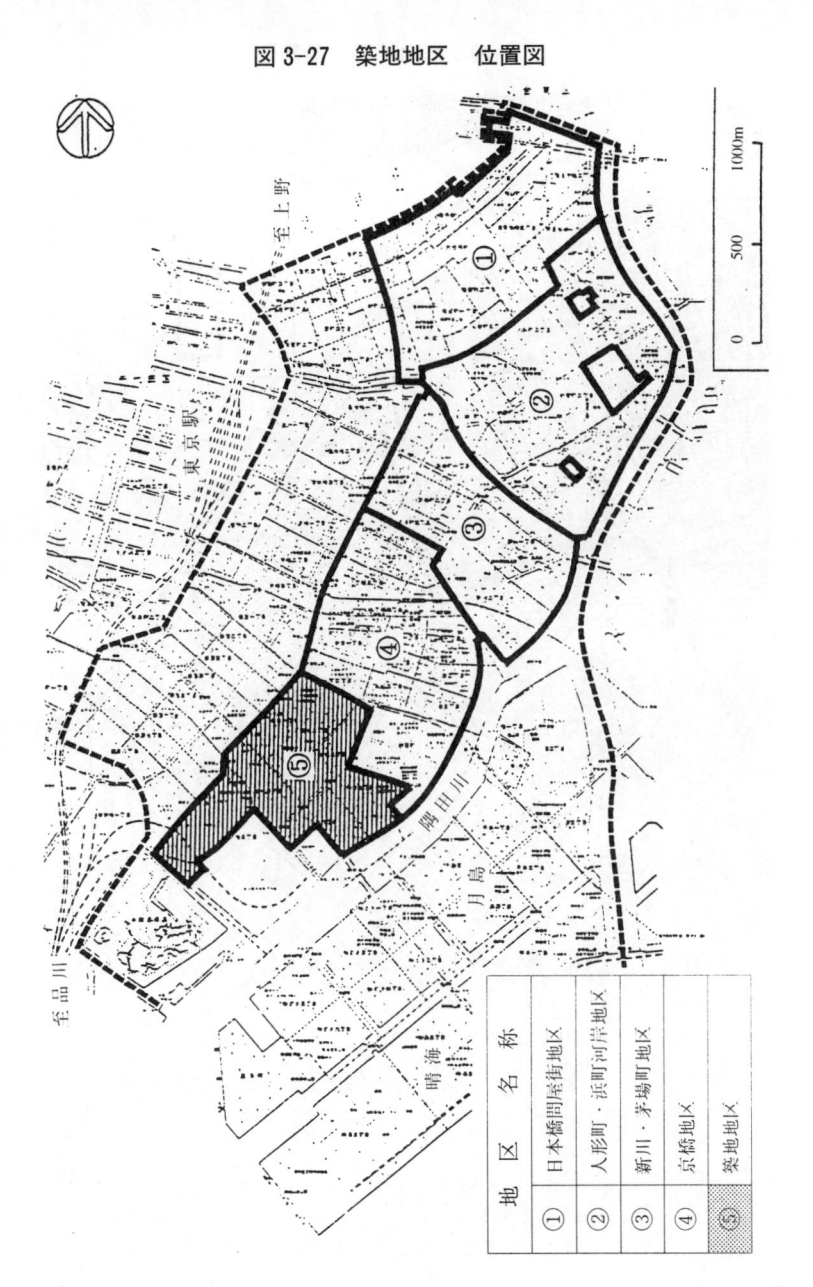

125

第3章　容積率制限等緩和型制度の体系における街並み誘導型地区計画制度の特色

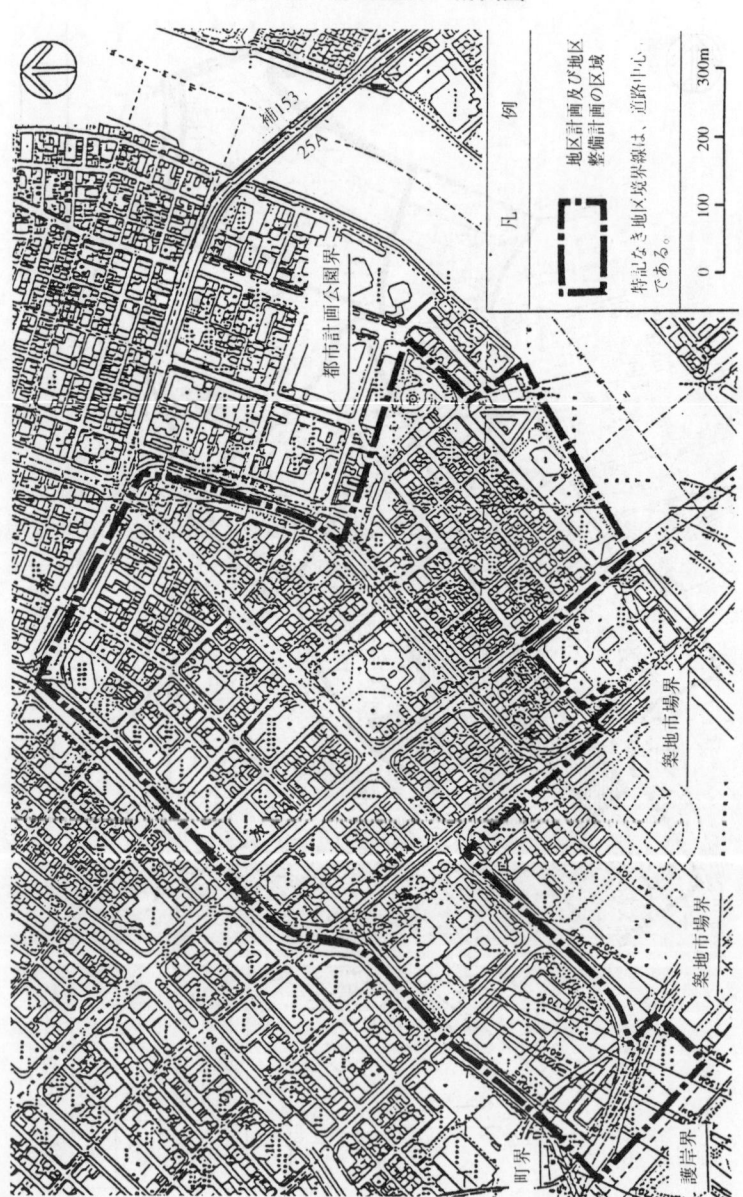

図3-28　築地地区　計画図

第3章 容積率制限等緩和型制度の体系における街並み誘導型地区計画制度の特色

しかも、特に建築物の制限に関する具体的計画事項に関しては、地域の特性を反映し、多様な手法による制限が課せられており、まさしく市区町村独自の創意工夫による活用が可能な市街地環境コントロール手法の導入という立法目的も実現されている。

② 多様な建築物の制限手法の例

（ア） 建築物の高さの最高限度

神田和泉町地区地区計画では、建築物の高さの最高限度として、絶対高さ制限が定められている。

一方、野田北部地区地区計画では、建築物の高さの最高限度として、表3-5に示す前面道路幅員に応じて算出されるた値が課せられる。これは、前面道路幅員×0.4の容積率制限を合理化し、併せて斜線制限の適用除外により、道路毎に高さの統一された景観形成を図りつつ、局所的な市街地環境の担保のため、前面道路幅員に応じた床面積制御は必要との認識が反映されたものと解される。

表3-5 野田北部地区地区計画における建築物の高さの制限

住宅地区	（前面道路幅員＋1）×2
住商協調地区	・（前面道路幅員＋1）×2.4(W＜6) ・（前面道路幅員＋1）×2.4かつ14未満(6≦W)

一方、中央区5地区の地区計画においても、**表3-6**に示すように、前面道路幅員と指定容積率に応じた高さの最高限度が定められている。

このように、同制度は、建築物の絶対高さ制限を課すこと等により一律に前面道路幅員による容積率制限を緩和するものと一般的には解されがちであるが、前面道路幅員に応じた建築物の高さの最高限度を定めて床面積を制御しつつ、良好な景観形成を誘導するという活用方法も可能であり、そのような計画策定実績が多いのが実態である。

127

表 3-6 中央区 5 地区の地区計画における建築物の高さの最高限度

前面道路幅員 \ 指定容積率	40/10	50/10	60/10	70/10	80/10
4 m 未満	13 m				
4 m 以上 6 m 未満	15 m	（前面道路幅員＋1）×3 かつ 18 m			
6 m 以上 8 m 未満	18 m	（前面道路幅員＋1）×3 かつ 18 m			
8 m 以上 12 m 未満	25 m	38 m			
12 m 以上 20 m 未満	36 m		42 m		
20 m 以上	36 m				50 m

容積率の最高限度

野田北部地区地区計画では、容積率の最高限度を指定容積率と定めている。

これに対して、神田和泉町地区地区計画及び中央区 5 地区の地区計画では、用途別容積率が同時に定められている。しかも、住宅用途に対する容積率の緩和手法は、通達でも示された標準的算出法とも異なり、それぞれ独自なものである。

具体的には、建設省都市局長他（1990）は、「算定方式については、次の

表 3-7 神田和泉町地区地区計画における容積率の最高限度

	壁面の位置の制限がある場合	同制限がない場合
A 地区	指定容積率　かつ （基準容積率 イ)＋12/10）ロ)	指定容積率　かつ 基準容積率
B 地区	（指定容積率＋10/10）　かつ （基準容積率＋12/10）ロ)	
C 地区	指定容積率　かつ （基準容積率＋12/10）ロ)	

（注）イ）前面道路幅員に 0.6 を乗じた値
　　　ロ）但し、基準容積率を超える部分は住宅用途に限定

第3章　容積率制限等緩和型制度の体系における街並み誘導型地区計画制度の特色

ものが一般的算定方法として想定されるので参考とすること」として、下式を示している。

$U/N + R/H \leqq 1$　かつ　$A = U + R$

（ただし、U：住宅以外の用途に供する部分の容積率、R：住宅の用途に供する部分の容積率、N：建築物の用途がすべて非住宅である場合の容積率の最高限度、H：建築物の用途がすべて住宅である場合の容積率の最高限度、A：建築物全体の容積率）

これに対して、神田和泉町地区地区計画では、**表3-7**に示すように、前面

表3-8　中央区5地区の地区計画における容積率の最高限度

1．前面道路幅員4m以上の敷地の建築物	
1) 住宅等[イ]	基準容積率[ロ]の1.4倍かつ100/10
2) 住宅等以外	基準容積率
3) 併用住宅	$C = 1.4 \times (A - B) + B + B/A$ A：基準容積率 B：住宅等以外の床の容積率 C：容積率の最高限度
4) 住宅等床面積300㎡未満 ①敷地面積100㎡以上300㎡未満 ②敷地面積100㎡未満	緩和容積率[ハ]×2/3＋基準容積率 緩和容積率×1/2＋基準容積率
5) 容積率の最高限度、壁面の位置の制限及び建築物の高さの最高限度に係る但書規定の対象 6) 行止り道路[ニ]のみ接道	基準容積率
2．2項道路又は3項道路のみ接道	28/10（基準容積率を超える床は住宅等に用途限定）

（注）　イ）住宅、共同住宅又は寄宿舎
　　　　ロ）前面道路幅員に0.6を乗じた数値と指定容積率のいずれか小さい方の値
　　　　ハ）1)及び3)にて求められる容積率から基準容積率を減じた値
　　　　ニ）42条1項から3項の道路で、一方が他の道路に接続していないもの
（備考）a）住宅関連施設(店舗、飲食店、公衆浴場及び診療所)に供する床の容積率は5/10かつ住宅等床の容積率の0.5倍を限度として1及び2の規定を適用
　　　　b）これら規定は、特定街区内の建築物及び総合設計による許可を受けた建築物には適用しない。

第3章 容積率制限等緩和型制度の体系における街並み誘導型地区計画制度の特色

道路幅員による容積率制限を超える部分を住宅用途に限定する措置を講じている。

また、中央区5地区の地区計画では、用途別容積型地区計画が先行して策定されていたが、前面道路幅員による容積率制限がネックになっていたため、街並み誘導型地区計画制度と併用することにより、**表3-8**に示すように、地区整備計画における容積率の最高限度を定めている。

このように、用途別容積型地区計画と併用することにより、街並み誘導型地区計画は、更に市区町村の創意工夫による地域の特性に応じた多様な建築物のコントロール手法の採用を可能とする制度といえる。

③ 地域住民の主体的な参加

容積率制限等緩和型地区計画が他の容積率制限等緩和型制度と比較して、より地域住民の参加、手続きの透明性の確保及び情報の公開に配慮した制度であることは、第1章第1節及び第4節で既に述べたところであるが、用途別容積型地区計画と街並み誘導型地区計画が併用された千代田区神田和泉町地区をモデルケースとしてその手続きを紹介する。

千代田区では区の内部で神田和泉町地区の地区計画の案を作成した上で、地域住民の意見を聴取した。

1995年9月18日に第1回の住民説明会を開催し、その日以降都市計画法に基づく正式な縦覧手続きを行うまでの間、約1年2ヶ月を費やし、公式のものだけでも計3回の説明会、2回の地区計画素案の縦覧、相談コーナーの開設を行っている（**表3-9**）。加えて、第2回と第3回の説明会の間には、地区内の土地所有者全員へのアンケート調査を行い、それ以降の手続きの参考としている。また、区議会との関係でも、地域住民との交渉経緯をかなり早い段階から報告の上、地区計画に係る条例を全員一致で可決しているが、この間区議会への公式の報告だけでも計6回に及んでいる（**表3-10**）。以上の公式の手続き以外に日常的に区の職員と地域住民の相談、交渉が持たれたことはいうまでもない。以上、千代田区神田和泉町地区の地区計画の策定手続きを紹介したが、地域住民も主体的に関心を持ち、また、行政側もそれに応

第3章 容積率制限等緩和型制度の体系における街並み誘導型地区計画制度の特色

えるため緻密な対応が行われていることが明らかである。

表 3-9 神田和泉町地区地区計画の都市計画決定までの主な経緯

住　民　説　明　会　Ⅰ	平成 7 年 9 月19日
住　民　説　明　会　Ⅱ	平成 7 年11月29日
住　民　説　明　会　Ⅲ	平成 8 年 7 月30日
地区計画（素案）の縦覧　Ⅰ	平成 8 年 9 月17日～10月 1 日
相　談　コ　ー　ナ　ー　開　設	平成 8 年 9 月19日・20日
地区計画（素案）の縦覧　Ⅱ	平成 8 年10月25日～11月 8 日
都　市　計　画（案）の　縦　覧	平成 8 年11月20日～12月 4 日
区・都市計画審議会付議	平成 8 年12月 9 日
都・都市計画地方審議会付議	平成 9 年 2 月14日
都　知　事　承　認	平成 9 年 2 月17日
地区計画建築条例の上程	平成 9 年度第一回定例会
都市計画決定告示・施行 地区計画建築条例の施行	平成 9 年 3 月31日

表 3-10 千代田区議会への報告等

［経緯］
平成 8 年 8 月（常任委員会）	神田和泉調地区計画の検討状況を報告
平成 8 年 9 月（本会議・開会挨拶）	神田和泉町地区計画素案の縦覧期間中である旨報告
平成 8 年11月（常任委員会）	平成 8 年度第 8 回東京都千代田区都市計画審議会の審議案件として神田和泉町地区計画の概要について報告
平成 9 年 2 月（常任委員会）	東京都千代田地区計画の区域内における建築物の制限に関する条例の一部を改正する条例（案）について報告（神田和泉町地区計画）
平成 9 年 3 月（本会議）	議案説明 東京都千代田地区計画の区域内における建築物の制限に関する条例の一部を改正する条例について（神田和泉町地区計画）
平成 9 年 3 月（本会議）	議案「東京都千代田区地区計画の区域内における建築物の制限に関する条例の一部を改正する条例について」、全員一致をもって可決

131

3-4. ま と め

本章における結論を要約する。

① 街並み誘導型地区計画制度は、都心居住推進及び都市の防災性向上という課題に資するため、都市の既成市街地をも対象として、市区町村の創意工夫と地域住民の主体的な参画により、市街地環境の整備・改善を図っていくための形態規制制度として創設されたとの立法目的が解明された。

② 同制度は、一般市街地においても、建築物の用途・容積・形態を、基盤施設整備状況とのきめ細かなバランスを保ちつつ総合的にコントロールし、地権者に対して十分なインセンティブを付与しつつ、個別の建築活動の誘導により、地域特性を生かした市街地像を実現する手法を確立したという点で画期的であり、立法目的が制度スキーム構築においても実現されていることが明らかになった。

③ 同制度は、すでに大都市都心部を中心として多くの策定実績を有し、計画に定められた建築物の規制手法に関しても、市区町村の創意工夫による多様な手法が採用されていること及びその手続きにおいて地域住民の参加と行政側のきめ細かな対応が行われていることなど、立法目的が計画策定実務においても実現されていることが評価された。

注
（1） 都市再開発法等の一部を改正する法律（1995年2月26日法律第13号）、都市計画法施行令及び建築基準法施行令の一部を改正する政令（1995年5月24日政令第214号）、建築基準法施行規則の一部を改正する省令（1995年5月24日建設省令15号）、1995年5月25日施行。
（2） 第132回国会衆議院建設委員会議録2号、30頁。
（3） 同　4号、20頁。
（4） 同　2号、30頁。
（5） 同　3号、22頁。
（6） 第118回国会衆議院建設委員会会議録10号、16頁。
（7） 第132回国会衆議院建設委員会議録3号、16頁。

第3章　容積率制限等緩和型制度の体系における街並み誘導型地区計画制度の特色

(8)　同　3号、16頁。
(9)　同　3号、16頁。
(10)　同　3号、17頁。
(11)　同　3号、22頁。
(12)　建設省都市局長他（1995）
(13)　建築基準法の一部を改正する法律（1987年6月5日法律66号）、建築基準法施行会の一部を改正する政令（1987年10月6日政令348号）、建築基準法施行規則の一部を改正する省令（1987年11月6日、建設省令25号）。1987年11月16日施行。
(14)　都市計画法及び建築基準法の一部を改正する法律(1992年法律82号)、都市計画法施行令及び建築基準法施行令の一部を改正する政令(1993年政令170号)。
(15)　建設省住宅局市街地建築課（1995）、5頁。

参考文献

大阪市総合計画審議会人口問題調査委員会（1993）『新たな都市居住魅力の創造～大阪市人口回復策の基本的方向性』

建設事務次官（1988）『都市再開発法及び建築基準法の一部改正について（都再発129号、各都道府県知事及び各政令市の長宛通達12月22日付け）』

建設省建設経済局長、建設省都市局長、建設省住宅局長（1988）『都市再開発法及び建築基準法の一部改正について（経民発52号、都計発140号、都再発131号、住街発124号、各都道府県知事及び各政令市の長宛通達12月22日付け）』

建設省建築審議会建築行政部会（1994）『都心居住に対応した新たな住宅市街地形成のための形態規制のあり方について』

建設省建築審議会建築行政部会市街地環境分科会専門委員会（1995）『都心居住への対応を中心とした良好な住宅市街地形成のための建築物の規制・誘導方策について』

建設省住宅局市街地建築課（1995）『平成7年建築基準法改正の解説』（財）日本建築センター

建設省住宅局長(1995)『住宅地等における壁面線制度の積極的かつ弾力的活用について(住街発53号、建設省住宅局長から特定行政庁宛5月25日付通達)』

建設省住宅宅地審議会（1994）『21世紀に向けた住宅政策の基本的体系はいかに

第3章　容積率制限等緩和型制度の体系における街並み誘導型地区計画制度の特色
あるべきか』
建設省都市局長、建設省住宅局長（1995）『都市再開法等の一部改正について（都計第72号、住街発第51号、各都道府県知事及び各指定都市の長宛通達5月25日付）』
建設省都市計画中央審議会・都市居住のための土地の有効利用のあり方に関する委員会（1994）『都心居住の推進のための今後の検討にあたっての基本的方向性について』
千代田区長、中央区長、港区長、新宿区長（1994）『都心居住を促進するための都市計画法及び建築基準法の改正に関する要望書（7月14日付）』
東京都（1992）『住宅基本条例』

第4章　地区計画策定による土地資産価値増大効果の計測

　東京都心部の夜間人口減少及びこれによる東京大都市圏における都市構造の不均衡化の進展は著しい。東京都心3区の夜間人口(国勢調査)は、1955年の54.9万人から1990年の26.6万人まで、51.5％減少した。一方で同じく就業人口は、94.9万人から238.1万人へと2.5倍増を示した。また、『東京都都市白書(1991年版)』によると、東京都心3区レベルの昼夜間人口比率は、ニューヨークの3.7、ロンドンの2.7、パリの1.5に対し、東京は8.3に達している。

　こうした中、大都市都心部自治体では、都心空洞化・人口減少問題に対して様々な対処策を講じてきた。例えば、東京都は、『住宅基本条例』(1992年)の前文に、「東京の貴重な都市空間を都民が合理的に分かち合うことが必要である」と宣言し、共同居住を軸とする都市型の住まい方を世界都市にふさわしい居住スタイルへ発展、成熟化させていく方向を明らかにした。また大阪市総合計画審議会では、1992年12月、「人口回復に実効ある総合施策」について諮問を受けたことを踏まえ、人口問題調査委員会を設置し、総合的視点から検討した成果を『新たな都市居住魅力の創造～大阪市人口回復策の基本的方向性（答申）』(1993年12月17日)として報告した。

　一方、1994年、千代田区長、中央区長、港区長及び新宿区長が『都心居住を促進するための都市計画法及び建築基準法の改正に関する要望書』を提出した。同要望書は、1)高容積住居系用途地域の創設、2)前面道路による斜線制限の緩和、3)住居系用途地域の斜線制限の緩和、4)幅員12ｍ未満の前面道路幅員による容積率制限の緩和、5)建ぺい率制限の緩和、6)都心住宅実現のための単体規制の緩和、7)建築基準法86条の拡充整備、8)地区計画の改善の8項目を要望した。特に地区計画の改善に関しては、「地区計画等において、壁面線のみならず街区の高さや建物の構造等をきめ細かに定めることは、地

第4章　地区計画策定による土地資産価値増大効果の計測

区計画等の規制を強化することになりますが、それらのきめ細かな規定と引き換えに地域に見合った形態制限を実現できるならば、地区計画制度及び中高層階住居専用地区等が一層活用されることと考えておりますので、御検討願いたい」と要望した。このような要望も踏まえ、街並み誘導型地区計画制度が創設された。特に、東京都千代田区及び中央区では、用途別容積型地区計画制度と街並み誘導型地区計画制度を併用した地区計画の策定を通じた市街地環境の整備・改善と職住のバランスのとれた街づくりに積極的に取り組んでいる。

街並み誘導型地区計画制度は、壁面の位置の制限、絶対高さ制限及び道路境界線から壁面後退位置までの工作物の設置制限を課すことにより、前面道路幅員による容積率制限等を適用除外することが可能であるため、特に狭小幅員の道路が多い既成市街地においても利用可能容積増大効果は大きく、地主の建て替えインセンティブを高める蓋然性は高い。さらに、これら漸次的な建て替えの積み重ねを通じた良好な景観形成や通路・空地等の公共的空間整備が期待されるため、市街地環境の整備・改善効果は大きいと予想される。

このような効果は、居住者の効用を高めつつ、地主による土地経営の期待収益を向上させることを通じて土地資産価値を増大させるため、理論的には、ヘドニック法の適用により効果計測を行うことが可能である。しかしながら、地区計画の策定効果をヘドニック法により計測した実証研究はなかった。その理由は、地区計画策定は様々な効果をもたらすが、その実現担保措置はなく、不確実性が大きいため、従来から用いられてきたヘドニック法による複合的効果を有する面整備事業の効果計測手法をそのまま適用することができないためと考えられる。

本研究では、地区計画策定のように不確実性が大きい面整備の効果を、地区ダミー変数を導入した地価関数推計によって計測するという新たなヘドニックアプローチを提案する。これにより、千代田区を対象として、用途別容積型地区計画制度と街並み誘導型地区計画制度を併用した地区計画策定の効果を具体的に計測する。

4-1. 地区計画策定による効果の計測手法

(1) 地区計画策定による土地資産価値増大効果

大都市都心部において、用途別容積型地区計画制度と街並み誘導型地区計画制度が併用された地区計画が指定されると、**表 4-1** に示す様々な効果がもたらされる。

表 4-1 都心部における地区計画策定（用途別容積型地区計画及び街並み誘導型地区計画の併用）の効果

項　　目	内　　容
利用可能容積率増大効果	①土地の限界生産性向上 ②土地利用転換促進（建て替え時期の早期化）
環境整備効果	①街並み景観の形成 ②採光、通風等住環境改善 ③歩行時安全性・快適性増進 ④防災性の向上
都心住宅の確保効果	①通勤時間短縮 ②通勤時交通混雑緩和 ③郊外開発における公共施設等整備による費用の抑制

第1が、利用可能容積率増大による効果である。街並み誘導型地区計画では、壁面の位置の制限、絶対高さ制限及び道路境界線から壁面後退位置までの工作物の設置制限を課すことにより、特定行政庁の認定を経て、前面道路幅員による容積率制限及び斜線制限を適用除外することが可能である。後退した建物の壁面か道路までの部分の建築制限によって、建築計画における設計上の自由度は減少する。しかしながら、この部分も、容積率を算出する際の敷地面積に算入される。また、道路状の空間として整備されれば、固定資産税の減免対象となる。壁面後退に伴う地主にとってのデメリットは極めて小さい。また、用途別容積型地区計画では、住宅用途に関して、指定容積率による制限を緩和することも可能である。これらは、土地の限界生産性向上

に寄与するとともに、建替え事業の収益性を増大させ、土地利用転換を促進することによって、次に示す効果を早期に実現させる効果もある。

第2は、環境整備効果である。

すでに高密度な集積が進展した既成市街地に適用される地区計画では、新たな道路、公園等が地区施設として指定され、その整備事業が実施されるケースは少ない。しかしながら、壁面の位置の制限に沿った漸次的な建て替えが行われ、通路、空地、緑地等空間が確保・整備されれば、通風、採光等の住環境改善に資する。

また街並み景観の向上も期待される。うえのような緑地等の整備に加えて、街並み誘導型地区計画により、道路斜線制限が絶対高さ制限に置き換えられれば、沿道建物の漸次的な建て替えを通じて、斜面が切り取られた不整形な建築物は解消され、スカイラインの統一された街並み空間の形成が期待される。さらに、建築物等の形態・意匠の制限（例えば刺激的な色彩や装飾を用いた広告物、看板等の設置禁止）は、美観の改善に寄与する。

一方、通路等歩行者空間の整備は、歩行時の安全性・快適性向上に寄与する。

さらに、老朽・木造建築物が集積した地区で、これらの建て替えが促進されれば、都市の防災性向上にも寄与することとなる。

第3に、都心住宅の確保効果がある。

都心に近接した利便性の高い地区で住宅供給が促進されれば、都心通勤者の通勤時間を短縮させるとともに、鉄道ラッシュ等の交通混雑を緩和する。その一方で、郊外部住宅開発を抑制し、公共・公益施設整備の負担を軽減するとともに、大都市周辺部のグリーンベルト整備にも寄与する。

うえに示した効果のうち、特に1及び2については、地区内居住者の効用を高めながら、地主の土地経営による期待収益を向上させることによって、土地資産価値を増大させると考えられる。

(2) 従来型計測手法適用上の問題点

このような地区計画策定による土地資産価値の増大に着目し、地区計画策

第4章 地区計画策定による土地資産価値増大効果の計測

定の効果をヘドニック法により測定することが可能と考えられる。しかしながら、従来行われてきたヘドニック法による都市の面的整備事業等の効果計測手法を、そのまま地区計画策定効果の測定に適用することはできない。

第1に、都心型地区計画指定による土地資産価値増大効果は、うえに示したように複合的である。例えば、利用可能容積率増大による資産価値増大効果については、肥田野他(1995)が計測した。肥田野他(1995)は、東京都心3区を対象地域として地価関数を推計することにより、利用可能容積率1％の増大によって、地価は0.77％(1990年)増大することを示した。しかしながら、利用可能容積率の増大は、地区計画策定により土地資産価値を増大させる要因の中で、最大の要因かもしれないが、唯一の要因ではない。このため、地区計画策定による効果を、利用容積率増大による土地資産価値増大によってのみ計測することは過小評価となる。

第2に、たしかに近年では、表4-2 に示すように複合的な効果を有する面的都市整備事業による効果の計測手法が開発されてきている。

その先駆的研究である肥田野他(1990)は、東京都西部における地上部を公園、地下部を道路とする高架鉄道という複合施設の整備効果を、鉄道整備、公園整備、道路整備という個別要因に分解し、それぞれを推計したうえで、これらを加算することによって計測した。

さらに近年、市街地再開発事業、住宅市街地総合整備事業など、面的都市整備事業の複合的効果を計測する研究がなされている。建設省都市局他(1998)は、市街地再開発事業施行区域及び周辺10 km以内地域を対象として地価関数を推定し、事業が実施された場合とされなかった場合の地点属性（道路整備、公共施設整備等）の相違から土地資産価値の差額を求める手法を開発し、全国9地区での事業実施地区での効果を事後的に評価した。また、建設省住宅局(1998)も、同様の手法により、全国2地区の住宅市街地総合整備事業実施地区及び周辺1 km以内地区での事業効果を事後的に計測した。

ただし、地区計画の効果を、このような個別要因の分解、計測、加算によって計測することは適切とはいえない。

何故ならば、公共事業や組合再開発等の強制力を有する面整備事業であれ

第4章 地区計画策定による土地資産価値増大効果の計測

表4-2 複合的な効果を有する面的都市整備事業等の効果計測事例

効果計測の対象事業	複合都市施設整備(高架部：鉄道、地上部：公園、地下：道路)	市街地再開発事業	住宅市街地総合整備事業
出典	肥田野登・武林雅衛(1990)「大都市における複合交通空間整備効果の計測」	建設省都市局他(1998)『市街地再開発事業の効果の推計』	建設省住宅局(1998)『住宅市街地総合整備事業の評価手法検討調査』
効果計測の対象地域	施設沿線地域	施行区域内及び周辺10km以内地域	事業地区内及び周辺1km以内地域
地価上昇要因(ヘドニック法の地価関数・説明変数のうち、事業の有無による操作変数)	① 鉄道整備 ② 道路整備 ③ 公園整備	施行区域内 ① 前面道路幅員 ② 利用可能容積率 区域端〜50m ① 前面道路幅員 ② 利用可能容積率 ③ 駅への距離 ④ 住宅床面積 ⑤ 宿泊施設面積 ⑥ 公共施設面積(公園、病院他) ⑦ 業務施設面積 ⑧ その他施設面積 50m〜500m ① 住宅床面積 ② 宿泊施設面積 ③ 公共施設面積(公園、病院他) ④ 業務施設面積 500m〜10km ① 鉄道によるアクセシビリティ ② 道路によるアクセシビリティ	① 前面道路幅員 ② 利用可能容積率 ③ 幹線道路の整備水準 ④ 高質空間街区への近接性 ⑤ 街区内耐火建築建ぺい率
効果計測例	東京都市整備	全国9地区の再開発事業実施地区(杉並区周辺)	事業実施2地区(事後評価)

第4章 地区計画策定による土地資産価値増大効果の計測

ば、事業実現性や実現時期に確実な担保がある。このため、推計した地価関数の説明変数に、整備事業実現時点での地点特性を代入することにより、将来地価を予測することが可能である。しかしながら、地区計画の指定による景観形成や通路、空地等の整備は、実現担保措置がない。地区計画は、あくまで民間の建築活動の規制・誘導が主たる目的であり、事業の実現性やその時期に係る不確実性は高い。このため、事業実現担保措置のない地区計画策定自体による効果を、地区計画策定後、地区内のすべての建築物が計画事項に適合した建築物に建て替わり、意図した街並み景観形成や公共的空間の整備が実現するとの前提条件のもとで評価するのは、過大評価であり、適切ではない。

(3) 効果計測手法

このため、地区計画策定という複合的効果を有し、しかも不確実性の高い面整備効果を計測する手法として、地区ダミー変数を導入した地価関数の推計が考えられる。

具体的には、地区計画が策定された地域とそれ以外の地域の双方を含む地域を対象として、地価及び地点属性データを収集したうえで、説明変数として、地価調査地点が策定地域内である場合に1、地域外の場合に0の値をとるダミー変数を含めたt年時点での地価関数を推計する方法である。

$$Y_t = \alpha_t + \sum_{i=1}^{n} \beta_{it} X_{it} + \gamma_t D_t$$

Y_t：t年地価
X_{it}：t年地価説明要因 i
D_t：t年地区計画策定ダミー変数
$\alpha_t, \beta_{it}, \gamma_t$：パラメータ

ただし、この時、γ_tの値には、地区計画策定の有無のみならず、X_{it}として採用された地価説明要因以外の要因による影響が含まれている可能性がある。このため、γ_tが有意な値として推定されたからといって、直ちに、γ_tを地区計

第4章 地区計画策定による土地資産価値増大効果の計測

画策定による効果とすることはできない。

ただし、まだ地区計画が策定されることもなく、また将来において地区計画が策定されることも予想されていなかった過去の時点 s における地価関数

$$Y_s = \alpha_s + \sum_{i=1}^{n} \beta_{is} X_{is} + \gamma_s D_t$$

Y_s：s 年地価
X_{is}：s 年地価説明要因 i
D_t：t 年地区計画策定ダミー変数
$\alpha_s, \beta_{is}, \gamma_s$：パラメータ

を推計し、γ_s が地価を説明する有意な要因でないことを検証するとともに、X_{is} 以外の地価形成に影響を与える可能性がある要因に関して、対象地域の2時点で大きな変化がないことが検証できれば、γ_t が地区計画指定による効果であることの蓋然性は高い。

通常、ヘドニック法においては、時系列データの採用は適切ではない。時系列データは、金利その他の経済変動による影響を受けやすく、そのコントロールが困難なためである。このため、例えば、γ_t と γ_s の値の大小を比較することには意味がない。ここでは、s 時点のデータは、地区計画指定以前において、地区ダミー変数が有意な地価影響要因でないことだけを検証しているのであって、時系列分析を行っているわけではない。

なお、このような分析を行う際、地区計画は、地元住民の主体的参画により策定されるため、都市計画決定される以前において、すでに将来の計画決定による効果が市場で評価され、地価に反映されている可能性が強い点に留意する必要がある。これらは、すべての都市計画事業にいえることであるが、特に地区計画の場合は、地元街づくり協議会による街づくり手法の検討、地元住民の意識調査等を踏まえて原案を策定し、これに係る数多くの住民説明会を開催し、十分な地元合意を経たうえで都市計画決定に係る行政手続きが進められるため、地区計画の場合、そのアナウンスメント効果は、都市計画決定以前の段階から発生される蓋然性は特に大きいと考えられる。

4-2. 千代田区における地区計画策定効果の検証

(1) 千代田区における地区計画の策定状況

　千代田区では、1996年11月、用途別容積型地区計画制度と街並み誘導型地区計画制度を併用した神田和泉町地区・地区計画を都市計画決定した。
　同地区計画の特徴は、原則として、基準容積率から住宅用途に限定した120%の容積率緩和を行い、前面道路幅員による容積率制限及び斜線制限の適用除外を行っている点にある。
　千代田区では、和泉町以外にも、四番町地区、神田佐久間町地区、錦華通り付近地区、内神田地区、神田紺屋町周辺地区、神田多町二丁目及び周辺地区、神田錦町一・二・三丁目奇数番地地区、神田小川町周辺地区及び三番町地区の9地区で、用途別容積型地区計画と街並み誘導型地区計画を併用した神田和泉町地区と同様の計画事項を有する地区計画を策定中である。
　これら地区における計画策定の状況を**表4-3**に示す。これら地区においては、概ね、すでに地元住民と行政の共同作業により原案が作成され、地元合意を経て、都市計画決定の手続きの準備に入っている段階にある。地元不動産事業者は、すでに都市計画決定を見越した建て替え事業に係る営業を展開している。このため、地区計画による容積率及び斜線制限の緩和による影響は、すでに地価に反映されていると考えられる。
　千代田区における地区計画の計画事項を**表4-4**に示す。千代田区型の地区計画は、特に相対的に狭小な幅員の道路に接する敷地において、利用可能容積率緩和のメリットが大きいものといえる。

(2) 容積率等緩和による土地資産価値効果

　以上を踏まえ、千代田区内の公示地価(1998年)を、地区計画策定地区ダミー変数を含めた地価形成要因により予測する地価関数を推計した。
　収集データは**表4-5**に示すとおりである。
　なお、現在、地区計画策定中の9地区に関しては、策定手続きの進捗状況

第4章　地区計画策定による土地資産価値増大効果の計測

表 4-3 千代田区における地区計画策定の経緯（実績）

地　　区	年　　次	経　　緯
四番町地区	1997.6 6 7 10 10	・地元説明会（6月） ・原案説明・意見会交換会開催（第1回） ・原案説明・意見会交換会開催（第1回） ・意見会交換会開催（第3回）・原案決定 ・都市計画決定手続き開始
神田佐久間町地区	1997.3 7 9 12	・地区計画に関するアンケート調査実施 ・原案作成 ・地元説明会（第1回） ・地元説明会（第2回） ・意見交換会（第1回） ・都市計画決定手続き開始
錦華通り付近地区	1997.3 10 11	・地区計画に関するアンケート調査実施 ・地元説明会（第1回） ・街づくりの基本方針案提示 ・地区計画原案作成
内神田地区	1997.3 12 12	・地区計画に関するアンケート調査実施 ・地元説明・意見交換会（第1回） ・地元説明・意見交換会（第2回） ・地区計画原案作成
神田紺屋町周辺地区	1997.10	・「神田駅東地区整備協議会」の街づくり活動 ・地元説明・意見交換会（第1回） ・アンケート調査実施 ・地区計画原案作成
神田多町二丁目 及び周辺地区	1997年度	・基礎調査実施
神田錦町一・二・三丁 目奇数番地地区	1997年度 1998.1	・基礎調査実施 ・地元説明・意見交換会（第1回）
神田小川町周辺地区	1997年度	・基礎調査実施 ・地元説明・意見交換会（第1回）
三番町地区	1997年度	・基礎調査実施 ・地元説明・意見交換会（第1回）

（備考）　千代田街づくりニュース No.35(1998年)より作成

は様々である。しかしながら、いずれも近い将来、地区計画が策定されるのは確実な状況にあり、しかも、計画事項に関してはほぼ類似した内容であるため、これらの地区内であれば一律に値1であるダミー変数を採用した。

第 4 章 地区計画策定による土地資産価値増大効果の計測

表4-4 千代田区における地区計画の計画事項の例

	和泉町地区			四番町地区			紺屋町周辺地区		
	A地区（昭和通沿）商業地域(80/800)	B地区 商業地域(80/500)	C地区 商業地域(80/600)	日テレ通沿 商業地域(80/600)	二七通沿 商業地域(80/500)	一住・二住(60/400)	昭和通等沿 商業地域(80/800)	平成通等沿 商業地域(80/600)	内部市街地 商業地域(80/600)
容積率の最高限度	800%又は基準容積率＋120%の小さい方*1	600%又は基準容積率＋120%の小さい方*1	600%又は基準容積率＋120%の小さい方*1	700%又は基準容積率＋100%の小さい方*1	600%又は基準容積率＋100%の小さい方*1	500%又は基準容積率＋100%の小さい方*1	800%又は基準容積率＋120%の小さい方*1	700%又は基準容積率＋120%の小さい方*1	700%又は基準容積率＋120%の小さい方*1
容積率の最低限度	―	160%	―	200%	150%	150%	―	160%	160%
敷地面積の最低限度		50 m²		100 m²	100 m²	250 m²	100 m²	50 m²	50 m²
壁面の位置の制限	道路境界線から1 m ただし、複数の接面道路の位置に壁面の制限がかかる部分を除き、1方向について高さ6 mを超える部分は50 cm			道路境界線から1 m	道路境界線から2 m 東郷坂に接する敷地は1 m	道路境界線から2 m 東郷坂に接する敷地は1 m	道路境界から 1.0 m（W＞4 m） 0.5 m（W＝4 m又は2項道路） 1.0 m（3項道路）		
高さの最高限度	40 m	36 m（W＜6） 26 m（6≦W）	36 m	50 m	40 m	40 m	45 m	40 m	40 m（11≦W） 31 m（8≦W＜11） 24 m（6≦W＜8） 15 m（W＜6）

（注）＊1：ただし、基準容積率を越える部分は住宅用途に限定
（備考）イ）敷地面積の最低限度は、現にそれ未満の面積の敷地で、その全部を一敷地に利用する場合、適用しない。
ロ）Wは前面道路幅員 [m]

第4章　地区計画策定による土地資産価値増大効果の計測

表 4-5　収集データ一覧

名称	単位	出典・算出方法等
公示地価	万円／m²	『地価公示（1998年）』（千代田区内48地点）
敷地形状	―	『地価公示』より（奥行き/間口）にて算出
策定地区ダミー	―	和泉町に加え表3の9策定地区内で1、それ以外で0（策定地区内8地点）
指定容積率	100%	『地価公示（1998年）』
接道幅員	m	
最寄駅距離	m	
敷地面積	m²	
都心への時間	分	最寄駅から東京又は大手町駅までの所要時間
商業地ダミー	―	商業系用途地域内で1

　また、街並み誘導型地区計画は、敷地条件により容積率緩和の程度が異なる。このため、公示地価データにより地区計画策定効果を推計する場合には、厳密には、調査ポイントが地区の平均的属性を備えていることを検証する必要があろう。本分析においては、地価公示では、市街地の地価の動向を調査するとの趣旨に勘み、地区の代表的な調査地点が選択されているものと仮定している。

　関数型としては、1)線形(通常回帰)、2)線形(ゼロ切片回帰)、3)対数線形(通常回帰)、4)対数線形（ゼロ切片回帰）の4ケースについて推計を行った。

　説明力も高く、各変数の符号条件も適切なものとして推計されたのが、線形（ゼロ切片回帰）による表 4-6 の地価関数である。

　同地価関数では、都心への時間及び商業地ダミーが有意な変数として採用されていない。その理由は、前者については千代田区内という特殊な地域では都心近接性に有意な差がないため、後者について指定容積率との相関が高いためと考えられる。

　他の変数については概ねt値も有意な値を示し、符号条件も適切なものとなっている。また説明変数相互間の相関係数も概ね 0.35 以下であり、多重相関の問題も生じていないと考えられる。

第4章 地区計画策定による土地資産価値増大効果の計測

表4-6 地価関数推定結果（1998年時点）

```
(公示地価) =
－137.35×(敷地形状)＋14.77×(策定地区ダミー)
  (-3.553)             (1.993)
＋ 5.008×(接道幅員)＋66.86×(指定容積率)
  (1.978)             (5.855)
＋0.1402×(敷地面積)－0.1594×(最寄り駅距離)
  (6.358)             (-1.415)
自由度調整済み決定係数 $R^2 = 0.8269$
(備考) カッコ内数字はt値
```

策定地区ダミーのt値も有意な値を示しており、これら地区内では、他の地価決定要因による影響を捨象すれば、地価水準が14.77万円／㎡、有意に高くなっていることが示された。

ただし、これら地区において、他の地区に比較し、有意に地価水準が高いのは、地区計画策定以外の地区固有の属性によることも考えられる。

例えば、肥田野 (1986) は都市公園が、平松 (1989) は河川環境が、肥田野他 (1996) は自動車交通がもたらす騒音及び振動が有意な地価形成要因であることを示し、その価値又は迷惑の大きさを計測している。また肥田野 (1998) は、他に河川による浸水被害、病院や学校等への距離、迷惑施設への距離等も、地価形成要因の例としてあげている。これらの要因に関して、地区計画策定地区とそれ以外の地区で有意な差があれば、係数の値である14.77万円／㎡の中には、これら要因による影響が含まれている可能性がある。

このため、地区計画決定手続きに入る以前の1993年時点の地価関数を推計したところ、**表4-8**の地価関数が推計された。この推計式から、1993年時点では、策定地区ダミーが地価に対して影響していないことが示される。

厳密には、地価関数に採用されたもの以外の地価に影響を与える要因をすべて列挙し、地区計画策定地区では、これら要因について、1993年時点と1998年時点では有意な差がないことを検証しない限り、14.77万円/㎡のすべてが

第 4 章 地区計画策定による土地資産価値増大効果の計測

表 4-7 公示地価調査地点一覧 (1998 年時点)

番号		地番	地価(円/㎡)	面積(㎡)	用途地域	地区計画策定区域内
1	1	三番町 6 番 25	1,800,000	969	2 住居(400)	○(三番町地区)
1	2	一番町 16 番 3	1,780,000	793	2 住居(400)	
1	3	五番町 12 番 6	2,300,000	819	2 住居(400)	
1	4	富士見 2 丁目 21 番 1 外	1,600,000	450	1 住居(400)	
1	5	二番町 10 番 2	1,330,000	198	1 住居(400)	
1	6	富士見 1 丁目 5 番 8	1,120,000	240	1 住居(400)	
1	7	紀尾井町 3 番 27 外	1,270,000	535	2 住居(400)	
1	8	富士見 1 丁目 6 番 7 外	830,000	203	1 住居(400)	
5	1	神田須田町 1 丁目 5 番 5	4,030,000	170	商業(800)	
5	2	神田錦町 3 丁目 22 番 8	2,000,000	164	商業(600)	
5	3	内神田 1 丁目 6 番 1 外	4,000,000	349	商業(600)	○(内神田地区)
5	4	神田岩本町 1 番 2 外	3,880,000	289	商業(800)	
5	5	外神田 3 丁目 47 番 6	2,840,000	215	商業(600)	
5	6	外神田 2 丁目 9 番 1 外	1,000,000	246	商業(500)	
5	7	有楽町 1 丁目 7 番 3 外	12,400,000	1,091	商業(1000)	
5	8	神田神保町 1 丁目 46 番 4	1,550,000	168	商業(500)	○(神田小川町周辺地区)
5	9	大手町 2 丁目 8 番 6	12,000,000	3,654	商業(900)	
5	10	九段南 2 丁目 1 番 2 外	3,450,000	182	商業(700)	
5	11	飯田橋 4 丁目 11 番 8	3,700,000	217	商業(700)	
5	12	内神田 3 丁目 24 番 2	3,550,000	300	商業(600)	○(内神田地区)
5	13	岩本町 2 丁目 172 番 3	1,250,000	112	商業(600)	
5	14	麹町 2 丁目 2 番 3	4,820,000	355	商業(800)	
5	15	二番町 3 番 4	3,470,000	628	商業(600)	
5	16	西神田 2 丁目 6 番 2	2,720,000	213	商業(600)	
5	17	一ツ橋 2 丁目 9 番 17	1,390,000	203	商業(600)	
5	18	神田佐久間町 3 丁目 24	1,570,000	236	商業(600)	○(神田佐久間町地区)
5	19	丸の内 3 丁目 14 番 1	13,000,000	2,308	商業(1000)	
5	20	三崎町 2 丁目 7 番 16	1,880,000	116	商業(700)	
5	21	大手町 1 丁目 5 番 7	8,950,000	4,251	商業(1000)	
5	22	神田淡路町 2 丁目 19 番 1	1,570,000	105	商業(500)	
5	23	内幸町 1 丁目 1 番 9	10,800,000	5,065	商業(900)	
5	24	鍛冶町 2 丁目 2 番 28	4,560,000	229	商業(600)	
5	25	東神田 2 丁目 8 番 1	3,130,000	280	商業(700)	
5	26	平河町 1 丁目 5 番 8 外	1,530,000	139	商業(500)	
5	27	神田神保町 2 丁目 2 番 15	4,900,000	163	商業(700)	
5	28	九段北 4 丁目 8 番 37 外	1,940,000	231	商業(600)	
5	29	麹町 4 丁目 4 番 2	4,800,000	380	商業(800)	
5	30	内幸町 1 丁目 17 番外	6,930,000	1,104	商業(800)	
5	31	神田錦町 2 丁目 11 番 2 外	4,300,000	652	商業(700)	○(神田錦町地区)
5	32	九段北 4 丁目 2 番 8	4,310,000	780	商業(700)	
5	33	西神田 3 丁目 21 番 4 外	1,770,000	235	商業(500)	
5	34	猿楽町 2 丁目 4 番 2	1,730,000	467	商業(500)	○(綿華通り付近地区)
5	35	東神田 3 丁目 6 番 2	1,130,000	114	商業(500)	
5	36	平河町 1 丁目 1 番 6	2,590,000	174	商業(500)	
5	37	西神田 2 丁目 7 番 8 外	1,570,000	205	商業(500)	
5	38	神田錦町 2 丁目 2 番 6	2,180,000	87	商業(600)	
5	39	外神田 5 丁目 51 番 3 外	1,120,000	198	商業(600)	
5	40	三番町 5 番 11 外	2,640,000	1,056	商業(500)	○(三番町地区)

第4章 地区計画策定による土地資産価値増大効果の計測

表 4-8 地価関数（1993 年時点）

$$
\begin{aligned}
（公示地価）＝ & \\
-287.09 \times &（形状）\quad -5.337 \times（策定地区ダミー）\\
(-3.063) & \quad\quad\quad\quad (-0.03695)\\
+18.19 \times &（接道幅員）+176.8 \times（指定容積率）\\
(3.144) & \quad\quad\quad\quad\quad (6.876)\\
+0.1176 \times &（敷地面積）\\
(2.773) & \\
\end{aligned}
$$

自由度調整済み決定係数 $R^2 = 0.8368$

(備考)カッコ内数字は t 値

地区計画策定による効果であると証明することはできない。このため、地区計画策定効果が 14.77 万円/㎡ であるとすれば、過大な推計になっている可能性は否定できない。

しかしながら、千代田区では、地価関数に採用された以外の地価に影響を与える可能性を有する都市施設整備状況や市街地環境等に関する要因で、1993 年時点と 1998 年時点で大きく属性が異なる要因は、千代田区まちづくり公社資料で見る限り、存在しない。なお、千代田区では、1993 年から 1998 年にかけて、小学校 14 校が 8 校へと整理・統合された。ただし、廃校になった小学校 6 校の跡地は、まちづくり用地、広場、保育園・児童館、他の私立学校への校舎貸与等として利用されており、地価に与える影響という点では、大きな事情変更はない（千代田区企画調整部資料による）。このため、14.77 万円増の要因のほとんどが、地区計画策定の効果に帰せられる蓋然性は高い。

以上の考察から、次の結論を得ることができる。1998 年、千代田区の地区計画策定地区内の土地では、平均 14.77 万円/㎡、資産価値が増大している。そのほとんどは、地区計画策定による効果に帰せられると推定される。このような効果が得られる理由は、2(1)で示したような利用可能容積率の増大に加えて、良好な街並み景観の形成、公共的空間の整備等への期待等にあると予想される。

149

第4章　地区計画策定による土地資産価値増大効果の計測

4-3. 地区計画による効果の実現可能性の検証

3で計測した地区計画策定効果は、計画事項に即した事業実現の不確実性も考慮されたものである。そこで、神田和泉町地区を対象地区として、事業実現の不確実性がどの程度存在するのかを検証しておく。

(1) 神田和泉町地区での市街地環境改善の可能性

神田和泉町地区の全敷地面積（26851 ㎡）を対象として、地区計画策定前の建築可能床面積と地区計画策定後の建築可能床面積を比較してみると、115,072 ㎡から 138,848 ㎡へと 20.7％ へと増大する。仮に、地区内の全建築物が計画事項に適合した建築物に建て替えられたと仮定すれば、この増大分 23,776 ㎡の住宅床が確保されることが期待される。また、原則として 1 m の壁面後退により、0.96 ha の歩行者空間が確保され、これを含めた道路面積率は、19.8％ から 27.5％ に増大する。

しかしながら、このような市街地環境改善が確実に実現されるとの保証はない。

第一に、地区内建物の建築後年数は様々であり、比較的近年建てられたばかりの堅牢建物も多い。将来のいずれかの時点で、確実に建て替えがなされる保証はない。

第二に、神田和泉町地区では狭小敷地が多い。このため、このような住宅併用型の中高層建物への建て替えが構造上、採算上有利であるとは限らない。

このため、地区内のひとつの街区をケーススタディとして取り上げ、これら事業の不確実性を見る。

(2) 実現される市街地像と不確実性

対象街区は、北側 5 m、南側 7 m、東側及び西側 4 m 幅員道路に面した面積約 740 ㎡の街区で、8 敷地が存在する。指定容積率は 600％ であるが、前面道路幅員による制限を考慮した基準容積率は 240％ から 500％ である。

現状での敷地割及び地区計画策定以前の建築制限を前提とした場合の街区

第4章 地区計画策定による土地資産価値増大効果の計測

内建築可能床面積は 2398.4 ㎡であり、平均実効容積率は 325% に達する。しかしながら、住宅床がどの程度確保されるかは担保されない。

地区計画が策定された効果により、1m の壁面後退(ただし、2方向で壁面後退する場合は、その 1 方向の 3 階以上の部分については 50 cm) を条件として、特定行政庁認定により、前面道路幅員による容積率制限及び斜線制限が緩和されるとともに、基準容積率から 120% を上限とする住宅用途限定の容積率緩和が行われる。この結果、街区内建築可能床面積は 3301.04 ㎡に増大し、平均実効容積率は 447% に達するとともに、904.3 ㎡の住宅床が確保されることが期待される。

しかしながら、このような建て替え事業の実現には不確実性が大きい。第1に、街区内で最も新しい建物は 1980 年に建築された RC 造・地上 4 階建てであり、この建物が将来のどの時点で建て替えられるかは全く予想できない。第 2 に、小規模な敷地が多く、しかも階数毎に用途分離がなされることが通常であることを考慮すれば、建築計画上、うえの住宅床面積を確保することは困難なためである。この場合、住宅床として確保されるのは、建築物 1 フロア分となり、街区全体で確保される住宅は 527 ㎡程度に留まる。しかも、

表 4-9 神田和泉町地区・ケーススタディ地区における建築可能床面積

	現状の建物[1]				従前での建築可能床面積			地区計画指定後の建築可能床面積					
	敷地面積(㎡)	用途	階数・構造	床面積[1] (㎡)(容積率)	建築年[1]	基準[2]容積率	建築可能床面積(㎡)	実効[3]容積率	緩和後容積率	建築可能床面積(㎡)	業務床	住宅床	計	建物階数	確保可能住宅床面積
①	224.82	倉庫、事務所	地下1階地上4階 RC造	664.1 (295%)	S36.2 S42	300%	674.46	300%	420%	944.24	—	269.78	269.78	5階	183
②	66.94	住宅、事務所車庫	地上4階 RC造	182.66 (273%)	S55.3	240%	160.66	240%	380%	240.98	—	80.33	80.33	5階	53
③	87.39	住宅、店舗	地上3階 木造	212.97 (244%)	S35.11	240%	209.74	240%	360%	314.60	—	104.87	104.87	4階	64
④	33.28	駐車場				240%	79.87	240%	360%	119.81	—	39.94	39.94	5階	24
⑤	43.66	住宅	地上2階 木造	61.14 (140%)		240%	104.78	240%	360%	157.18	—	52.39	52.39	5階	27
⑥	69.88	住宅、事務所	地上4階 RC造	183.52 (263%)	S54.2	240%	167.71	240%	360%	251.57	—	83.86	83.86	5階	56
⑦	152.35	住宅、事務所店舗、倉庫	地下1階地上6階 RC造	768.5 (503%)	S51.7	500%	761.75	500%	600%	914.10	—	152.35	152.35	7階	114
⑧	59.88	住宅、店舗倉庫	地下1階地上5階 RC造	222.8 (372%)	S44.4	500%	239.44	400%	600%	359.16	59.86	59.86	119.72	8階	44
計	738.2			2295.7 (311%)		333% (平均)	2398.41	325%	447% (平均)	3301.64	59.86	904.3	964.16		527

(注) 1) 登記簿土地台帳及び家屋台帳より調査
2) 指定容積率に前面道路幅員による制限を考慮した容積率
3) 斜線制限を考慮した建築可能床面積を敷地面積で除したもの

151

第4章　地区計画策定による土地資産価値増大効果の計測

小規模敷地では、このような住宅建設自体が有利な事業ではなく、むしろ住宅用途に限定された容積率緩和を受けないというケースも相当程度存在すると考えられる。

　地区計画の計画事項の実現には、このような不確実性が伴う。それにも拘わらず、3の分析では、地区計画策定で有意に土地資産価値が増大しており、効果が確実に存在することが示されている。

　特に、1980年代後半以降の地価高騰期いわゆるバブル期においては、住宅用途に対する容積緩和が地主にとってインセンティブとならない状況にあったと考えられる。地区計画策定が有意に土地資産価値を増大させる効果を有するとの分析結果が得られた背景には、商業床と住宅床に係る賃料格差が縮小した現在、用途別容積型地区計画制度と街並み誘導型地区計画制度の併用による住宅用途への容積緩和が地主にとってのインセンティブ効果を有するようになったという環境変化があると推定される。このため、このような地区計画策定を通じた市街地環境の整備・改善手法なかんずく住宅確保手法が有効な手法であることが示唆されていると考えられる。

4-4. まとめ

　本稿の結論を要約する。
　① 地区計画の策定は、利用可能容積率増大、良好な街並み景観形成や公共的空間整備への期待など、様々な効果を有し、これらは資産価値増大に帰着するため、ヘドニック法による効果計測が可能である。しかし、その効果の実現に係る不確実性が大きいため、従来型の面整備事業の効果計測等で用いられてきた計測手法をそのまま適用することはできない。本研究では、地区ダミー変数を導入した地価関数の推計による効果計測手法が有効であることが示された。
　② 千代田区では、現在10地区において用途別容積型地区計画制度と街並み誘導型地区計画制度を併用した地区計画が計画決定済み又は計画手続き中であるが、これら地区では地区計画策定による効果として、土地資産価値を、約15万円／㎡（1998年）を上限として増大させている。

第4章　地区計画策定による土地資産価値増大効果の計測

参考文献
　和泉洋人（1997）「容積率緩和型制度の系譜と用途別容積型地区計画制度の意義」都市住宅学 18 号
　建設省住宅局（1998）『住宅市街地総合整備事業の評価手法検討調査』
　建設省都市局・住宅局（1998）『市街地再開発事業の効果の推計』
　千代田区長、中央区長、港区長、新宿区長（1994）『都心居住を促進するための都市計画法及び建築基準法の改正に関する要望書（7月14日付）』
　東京都（1991）『東京都都市白書』
　東京都（1992）『住宅基本条例』
　林山泰久・肥田野登・浅井智博（1994）「都市環境整備事業の評価のためのヘドニックアプローチの分析精度」都市計画学会学術研究論文集、No. 29
　肥田野登・平本和弘（1986）「資産価値による中規模都市公園の整備効果の計測」都市計画学会学術研究論文集、No. 21
　肥田野登・平松登志樹・名取浩介（1987）「下水道整備事業における受益と負担の計測」都市計画学会学術研究論文集、No. 22
　肥田野登・武林雅衛（1990）「大都市における複合交通空間整備効果の計測」土木計画学研究・論文集、No. 8
　肥田野登・山村能郎・土井康資（1995）「市場データを用いた商業・業務地における地価形成および変動要因分析」都市計画学会学術研究論文集、No. 30
　肥田野登・林山泰久・井上真志（1996）「都市内交通のもたらす騒音及び振動の外部効果の貨幣計測」環境科学会誌、Vol. 9、No. 3
　平松登志樹・肥田野登（1989）「河川環境改善効果の計測手法の比較分析」土木計画学研究・論文集、No. 7
　柳沢厚（1997）「容積インセンティブ手法の系譜と今後」都市住宅学 17 号

第5章　地区計画による容積率緩和がもたらす土地資産価値増大効果の計測

　近年、東京都心区等において用途別容積型地区計画制度と街並み誘導型地区計画制度を併用した地区計画（以下「都心区型地区計画」という。）策定の取り組みが積極的に進められている。千代田区では1999年6月時点で、神田和泉町地区で都市計画が決定されているほか、9地区において都市計画決定の手続き中である。また中央区では、5地区計374.6 haに亘る地域で都市計画が決定されている。

　このような都心区型地区計画策定の効果に関して、第4章では、1)利用可能容積率増大による土地の限界生産性向上等効果、2)街並み景観の形成、採光・通風等の住環境改善、歩行時の安全性・快適性増進、防災性向上等の環境整備効果、3)都市住宅確保による通勤時間の短縮、交通混雑緩和、郊外開発による公共施設整備等費用の抑制等の複合的効果があることを指摘した。このうち、1)及び2)は土地資産価値の増大に帰着する。このため、ヘドニック法の適用により、地区計画策定の効果を計量的に計測することが可能であると考えられる。

　従来、複合的効果を有する面的整備事業による土地資産価値増大効果を計測した研究としては、肥田野他 (1990)、建設省都市局他 (1998)、建設省住宅局 (1998) がある。これらは、いずれも事業の効果を道路整備、公園整備等の個別要因に分解したうえで、地価上昇に対する寄与分を計測し、整備事業実現時点での市街地属性を想定することにより、効果を推計したものであった。

　ただし、第4章で指摘したように、このような手法をそのまま適用することによって、地区計画策定効果を計測することはできない。何故ならば、地区計画はあくまで民間建築活動の規制誘導が主たる目的であり、事業の実現性やその時期についての担保措置がない。このため、地区計画策定自体の効

第5章 地区計画による容積率緩和がもたらす土地資産価値増大効果の計測

果を、地区内のすべての建築物が計画事項に適合した建築物に建替えられ、意図した街並み景観形成や公共空間の整備が実現したという前提で計測すると、過大評価になるからである。

これらを踏まえ、第4章では、事業実現の担保措置がない地区計画策定による複合的効果を、地区ダミー変数を導入した地価関数を推計するというヘドニックアプローチによって計測した。

しかしながら、この方法では、地区計画策定による効果全体を計測することは可能であるが、個別の要因がもたらす寄与をより詳細に明らかにすることはできない。

本章では、都心区型地区計画策定による効果を、1)地区内の全敷地に対してほぼ一律にもたらされる環境効果と、2)個別の敷地毎にもたらされる利用容積率増大による効果（高度利用効果＋環境効果）に分離し、後者がもたらす土地資産価値増大効果だけに着目して、その効果をヘドニック法により計測するものである。

その際に、都心区型地区計画策定による利用可能容積率増大がもたらす土地資産価値増大効果は、他の例えば用途地域による都市計画に定められた容積率の最高限度（以下「指定容積率」という。）の緩和等がもたらす効果と異なり、後述するように区域内のすべての敷地に一律にもたらされるものでない点、特定行政庁の認定という手続を要するため事前には確定されない点等の特殊性を有する。このため、主として指定容積率変更がもたらす利用可能容積率増大による土地資産価値増大効果を計測した肥田野他（1995）等による従来の方法をそのまま適用することはできない。

このため、本章では、5-1において、都心区型地区計画がもたらす土地資産価値変動のメカニズムを解明したうえで、これを計測する手法として、1)地区計画策定以前の都市計画・建築規制による利用可能容積率（以下「従前利用可能容積率」という。）と、2)都心型地区計画策定によって緩和される利用可能容積率（以下「緩和容積率」という。）の双方を説明変数として有する地価関数を推計するという新たなヘドニックアプローチを提案する。

次いで、5-2において千代田区神田和泉町地区における地区特性及び地区

第 5 章　地区計画による容積率緩和がもたらす土地資産価値増大効果の計測

計画の計画事項を分析したうえで、5-3 において同地区を対象地域とする地価関数を推計し、地区計画による容積率緩和がもたらす土地資産価値増大効果を具体的に計測する。

5-1. 都心区型地区計画による容積率緩和効果の特徴と効果計測手法

(1) 都心区型地区計画策定による土地資産価値変動メカニズム

都心区型地区計画すなわち街並み誘導型地区計画制度と用途別容積型地区計画制度が併用された地区計画が指定されると、一般的にはその法的効果として、1) 前面道路幅員による容積率制限の適用除外、斜線制限の適用除外及び住宅用途に対する指定容積率制限の緩和といった容積率制限の緩和が付与される替わりに、2) 建築物の絶対高さ制限、建築物の壁面の位置の制限及び壁面線と道路境界線の間の区域における工作物設置制限といった建築制限が強化される。

このような地区計画指定による効果が、地区内における敷地の土地資産価値にどのような影響を与えるのか、そのメカニズムを検討する。

① 利用可能容積率増大による高度利用効果

まず、うえのように容積率制限が緩和され、当該敷地自体の利用可能容積率の増大による高度利用が可能となり、土地経営の期待収益が増大すれば、その分だけ土地資産価値も増大する（図 5-1 の (a)）。

このような利用可能容積率増大による高度利用効果の特徴は、第一に、地区計画区域内のすべての敷地に対して一律にもたらされるものではなく、条件の異なる敷地毎に効果が異なる点である。

具体的には、前面道路幅員による容積率制限の適用除外及び道路等斜線制限の適用除外は、指定容積率制限を緩和するものではない。このため広幅員道路に接し、かつ、一定規模以上の整形敷地であれば、そもそも前面道路幅員による容積率制限や道路等斜線制限が利用可能容積率に関する制約として

第5章 地区計画による容積率緩和がもたらす土地資産価値増大効果の計測

機能していないため、地区計画による容積率緩和の効果が発生しない。逆に同じ地区内にあっても、狭幅員道路に接した小規模・不整形な敷地であれば、容積率緩和効果は大きい。なお、この意味で、同じ計画事項を有する街並み誘導型地区計画が策定されたとしても、それが土地資産価値増大にもたらす効果は地区の市街地属性によって異なる。道路整備条件や敷地条件が良好な地区は、そうでない地区に比較して、相対的に小さい点に留意する必要がある。

第2に、当該敷地の利用可能容積率がどれだけ増大するかは、特定行政庁の認定によって決定されるため、建替え時点での建築確認申請提出段階まで確定されない。このため、利用可能容積率増大効果には一定の不確実性が伴

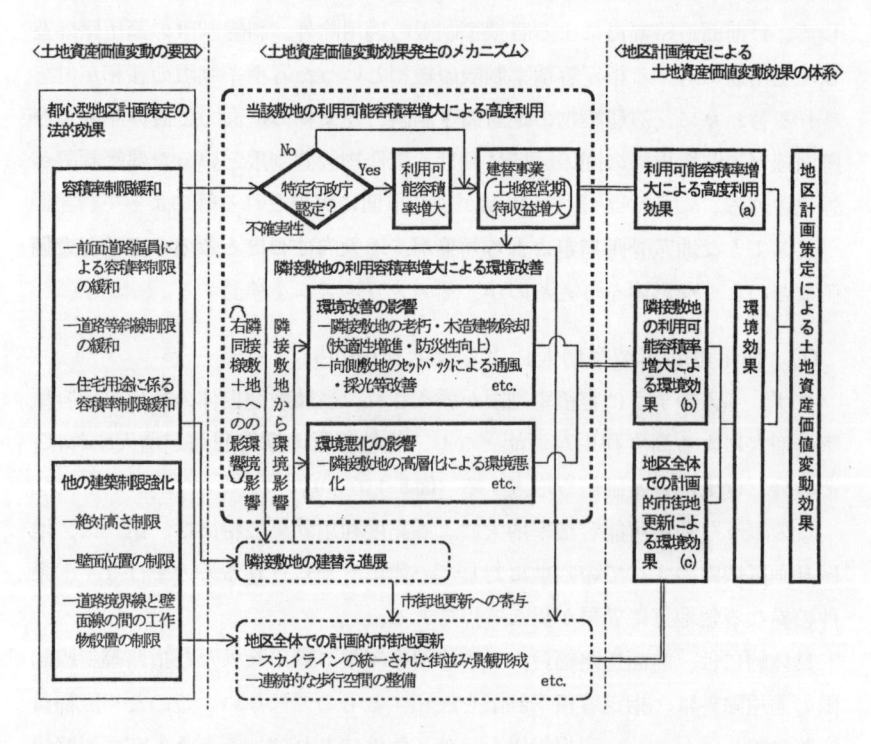

図5-1 都心型地区計画策定地区内の敷地に対する土地資産価値変動効果
　　　 発生のメカニズムと効果の体系

う点である。

具体的には、街並み誘導型地区計画によって前面道路幅員による容積率制限が適用除外されるためには、「特定行政庁が交通上、安全上、防火上及び衛生上支障がないと認める」（建築基準法68条の3第4項）ことが必要である。また、道路斜線制限、隣地斜線制限等が適用除外されるためには、「敷地内に有効な空地等が確保されていること等により、特定行政庁が交通上、安全上、防火上及び衛生上支障がないと認める」（同法68条の3第5項）ことが必要である。すなわち、これらの容積率緩和は、特定行政庁による認定という手続きを経て初めて付与されるものであり、一定の不確実性を伴う。

② 隣接敷地の利用可能容積率増大による環境効果

このような利用可能容積率の増大は、当該敷地のみならず、近接・隣接した敷地に対してももたらされる。近接・隣接敷地で利用可能容積率の増大がもたらされれば、地区計画策定前には実現されなかったような建替え事業が実現される、あるいは建替え事業がより早期に実現される等によって、当該敷地に対しても局所的に様々な環境影響をもたらすこととなる。こうした隣接敷地の利用可能容積率増大による環境効果も、建替え自体は将来時点で実現されるものであっても、当該敷地の現時点での土地資産価値に対して影響を与える（図5-1）。

例えば、隣接した敷地に醜悪な外観の老朽・木造建築物が存在していたが、なかなか建て替えられなかったという場合に、利用可能容積率の増大によって建替え事業が現時点で成立するようになる。すると、デザイン的にもすぐれた耐火建築物への建替えが実現されて、当該敷地に居住することの快適性が増大するし、また防火安全性も増大するというプラスの環境効果をもたらす。また、当該敷地の道路を隔てた向かいの建物がセットバックしながら建替えられることによって、当該敷地の通風・採光等の環境条件が改善される。

一方、近接・隣接敷地の利用可能容積率増大は、より高層・高密な建築を可能とさせ、当該敷地にとっての環境悪化をもたらす場合も考えられる。こ

第5章　地区計画による容積率緩和がもたらす土地資産価値増大効果の計測

のように隣接敷地での利用可能容積率増大は、当該敷地にとっての環境改善と環境悪化という相反する影響をもたらす。しかしながら、街並み誘導型地区計画による容積率緩和は、絶対高さ制限、壁面の位置の制限及び壁面線と道路境界線の間での工作物の設置制限等により局所的な環境のコントロールが担保され、かつ、特定行政庁の認定に際しては「交通上、安全上、防火上及び衛生上支障がない」ことが要件となる。全体としては当該敷地にとって環境改善効果をもたらす蓋然性は高いと考えられる。

このような場合には、利用可能容積率増大による高度利用効果と隣接敷地の利用可能容積率増大による環境効果を分離したうえでヘドニックアプローチによって計測することは容易ではない。何故ならば、そもそも、ある敷地において利用可能容積率増大により、土地経営の期待収益が高まり建替えが実現するに際しては、同時に隣接敷地に対して環境効果をもたらすというように、効果が同時に発生する。その際、街並み誘導型地区計画においては、地区全体として見れば利用可能容積率の増大は敷地条件毎によって異なるものの、同じ道路に面した隣接・近接敷地相互間では、前面道路幅員による容積率制限の緩和は等しい。ある敷地にとって自らの利用可能容積率増大による高度利用効果の最も有力な説明変数である緩和容積率は、隣接敷地による環境効果を説明する有力な代理変数となるためである。

ただし、地区全体として見れば、このような隣接敷地の利用容積率増大による環境効果も、敷地条件によって様々な大きさを有することは、利用可能容積率増大による高度利用効果と同様である。

③　地区全体での計画的市街地更新による環境効果

もうひとつの環境効果として、地区全体での計画的市街地更新による環境効果がある。地区全体で地区計画の計画事項に則した建替え事業が漸次的に進展することにより、将来的には地区全体での計画的市街地整備が実現され、地区内の敷地に対して環境効果をもたらす（図5-2の(c)）。

具体的には、地区計画の建築物に関する制限として絶対高さ制限が定められていれば、スカイラインの統一された良好な街並み景観が創出する。また

第5章 地区計画による容積率緩和がもたらす土地資産価値増大効果の計測

壁面の位置の制限やこれと道路境界線の間の工作物の設置の制限に加えて、地区施設による通路整備が定められていれば、連続的な歩行者空間が確保されることにより、地区内での歩行時の安全性・快適性は増進する。

このような地区全体での市街地更新による環境改善に関しても、それが実現するのは地区内の建築物の大半が建て替えられた将来時点であるが、現時点で当該敷地の資産価値増大効果に帰着する。

このような環境効果は、広く地区全体にもたらされ、局所的に大きく変動することはない。このため、地区内の敷地に対して一律的な効果をもたらすと考えられる。

(2) 土地資産価値増大効果の計測手法

(1)で述べた都心区型地区計画がもたらす土地資産価値増大効果の特徴に鑑み、本研究では次の方法により効果を計測する。

第一に、地価関数の説明変数として、従前利用可能容積率と地区計画による緩和容積率を、それぞれ独立な変数として採用する。

従来、利用可能容積率増大による土地資産価値増大効果を計測した研究としては肥田野他（1995）がある。同研究では、東京都心3区を対象地域として、用途地域による都市計画に定められた容積率の最高限度（以下「指定容積率」という。）に加えて、前面道路幅員による容積率制限、道路斜線制限、隣地斜線制限等をも考慮した利用可能容積率を個々の敷地毎に計測し、これを説明変数に有する地価関数を推計した。これにより、利用可能容積率1％増大が、地価を0.77％（1990年）上昇させることを示した。例えば、指定容積率の変更による効果を計測するためには、この手法は有効である。

しかしながら、都心型地区計画による利用可能容積率変動効果をこの方法によって計測することは適切ではない。緩和容積率による単位容積率当たりの地価への寄与分は、従前利用可能容積率に比較して小さいと考えられるからである。その理由は、1つには、前者は都市計画・建築規制に適合している限り確認段階でそのまま許容されるのに対して、後者は特定行政庁認定を経て初めて認められるという不確実性を有するためである。2つ目の理由

第5章　地区計画による容積率緩和がもたらす土地資産価値増大効果の計測

は、都心区型地区計画では、緩和容積率の用途が住宅用途に限定される点、容積率緩和を受けると建築計画上の制約が高まる点等の制約があるためである。

街並み誘導型地区計画及び用途別容積型地区計画が併用された都心区型地区計画では、前面道路幅員による容積率制限や道路等斜線制限の緩和を受ける際には、緩和容積率の用途が住宅用途に限定されるのが一般的である。東京都心区等においては、住宅床による単位床面積当たり収益は、通常、商業業務用途に比較して小さい。さらに、都心区型地区計画による容積率緩和を受けるためには、壁面の位置の制限に沿ったセットバックが必要となる。このセットバックした部分の面積は、利用可能床面積を算出するための敷地面積から控除されることはないが、建築形状に対する制約条件は高まる。加えて、用途別容積型地区計画による容積率緩和を受けるため建てられる住商併用建築物に関しては、フロア単位で用途分離を行うことが必要であるし、エントランスロビー、エレベータ等の共用部分も、住宅用途と商業・業務用途とで分離することが必要となる。このため、緩和された容積をすべて消化することが常に合理的であるとは限らない。特定行政庁認定に伴う不確実性に加えて、これらの理由も、従来型の効果計測手法によっては利用可能容積率増大効果が計測できない理由といえる。

第二に、具体的には、地区計画策定区域内の土地だけを対象として、次の関数型による地価関数を推計する。

$$Y = \alpha + \beta * F_a + \gamma * F_b + \Sigma \delta_i * X_i \quad (1)$$

ただし、Y：地価

F_a：従前利用可能容積率

F_b：緩和容積率

X_i：その他の敷地属性

α、β、γ、δ_i：パラメータ

地区計画策定区域内の土地だけを対象として地価関数を推計するのは、(1)の効果のうち、地区内の全敷地に対してほぼ一律にもたらされている(c)地区全体での計画的市街地更新による環境効果を捨象し、(a)利用容積率増大

第5章 地区計画による容積率緩和がもたらす土地資産価値増大効果の計測

による高度利用効果と(b)隣接敷地の利用容積率増大による環境効果による効果の和を計測対象とするためである。

当該敷地にとっての緩和容積率 F_b は、当該敷地の(a)利用可能容積率増大による高度利用効果を説明する有力な変数であると同時に、(b)隣接敷地の利用可能容積率増大による環境効果を説明するうえでの代理変数であることはすでに述べた。

この時、敷地 j の地区計画による利用可能容積率増大による高度利用効果及び隣接敷地における利用可能容積率増大による環境効果の和は、$\gamma * F_{bj}$ で与えられる。これを効果計測対象地域内全敷地について集計すれば、地区計画による容積率緩和がもたらす効果の総和を計測することができる。

第4章では、地区ダミー変数を導入したヘドニックアプローチにより、地区計画策定がもたらす土地資産価値増大効果を計測した。これは、前述した地区計画による効果のうち、(a)利用可能容積率増大による土地経営期待収益効果、(b)隣接敷地の利用可能容積率増大による環境効果及び(c)地区全体

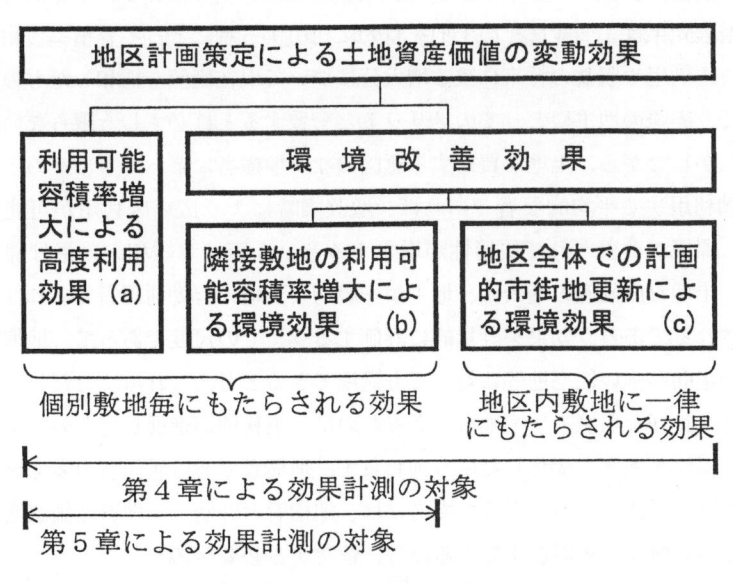

図 5-2 本章における効果計測の対象

の市街地更新による環境効果の総和を計測したものである。

これに対して、本章は、地区計画が策定された区域内の土地のみを対象として、各敷地毎の緩和容積率その他の敷地属性を計測し、これらを説明変数とする地価関数を推計することによって、地区内の敷地に対して一律に発生する(c)の効果を捨象し、(a)+(b)すなわち地区計画による容積率緩和がもたらす効果だけを対象として効果を計測していることとなる（図5-2)。

なお、ここで計測する効果は、特定行政庁認定という手続を要するため緩和容積率が認められるか否かは事前確定していないという前提で評価された地価を被説明変数とし、認定されたら得られる緩和容積率を説明変数とする地価関数の推定によって計測するため、容積率緩和の特定行政庁認定に伴う不確実性を考慮したものとなっている。

(3) **地権者にとっての土地資産価値増大効果の意義**

地権者がその土地を利用することでどのような効用や収益を得ているかは、個人の属性によっても異なる。地価関数によって推計される土地資産価値増大効果は、一般にその土地を有効に利用する者にとって容積率緩和がもたらす効用や収益の将来に亘る増大分について現在価値を総和したものであって、実際の地主にとってのメリットと一致するとは必ずしも限らない。

しかしながら、土地を買却する意図のない地権者にとっても、その土地を有効利用する平均的な者であれば、増改築時により広い床利用が可能になる、環境が改善されて快適性が増大するという容積率緩和の効果は帰属する。土地資産価値の増大は、地主が一般的な土地の有効利用者であればもたらされるであろう効果を計量的に評価するうえでの尺度であって、地権者の永住指向が強い住宅地等に対しても適用できると考えられる。ただし、例えば従来良好な環境の住宅地区であったのに、業務地が進展したというように地区属性が大きく変化したにも拘わらず、地権者である居住者の多くがそのまま継続居住しているような場合には、地権者の評価と土地資産価値増大効果とが乖離する場面が生じうるため、留意する必要がある。

以上の点を配慮したうえで、ヘドニックアプローチによってこれらを具体

第5章 地区計画による容積率緩和がもたらす土地資産価値増大効果の計測

的に計測する手法を開発し利用するのであれば、地区の住民や地権者に対して地区計画策定の効果を定性的に提示するのみならず、定量的に金銭評価するという地権者がメリットを理解しやすい方法によって提示できるため、地区計画策定に向けて円滑な合意形成を図るうえでも有効に活用され得ると考えられる。

5-2. 神田和泉町地区・地区計画の概要

(1) 地区計画策定の経緯

神田和泉町地区は、JR秋葉原駅の東に位置し、昭和通りに面した面積約4.3 ha の地区である。同地区は、商業・業務機能と居住機能が共存した職住近接型の都市空間を形成してきたが、特に1980年代後半のバブル期以降、業務系床への用途転換が進み、急激な人口減少が進展した。例えば、課税台帳による神田和泉町の商業・業務床面積は、1981年の43,188 ㎡から1991年の98,065 ㎡へと約2.27倍増を示した[1]。一方、国勢調査による夜間人口は、1980年733人から1995年の522人まで28.8%の減少を示した。

(2) 地区計画による計画事項

こうした経緯を踏まえて、千代田区は、1996年11月、用途別容積型地区計画制度と街並誘導型地区計画制度を併用した神田和泉町地区・地区計画を都市計画決定した。

同地区計画の特徴は、原則として、基準容積率から住宅用途に限定した120%の容積率緩和を行い、前面道路幅員による容積率制限及び斜線制限の適用除外を行っている点にある。

千代田区では、このような地区計画策定の効果として、地区全体での利用可能容積率が428%から517%へと増大し、これによる住宅床面積の増分は22,725 ㎡、現状での同地区における一人当たり延べ面積（グロス）30.0 ㎡を前提とした場合の人口増を757人と推計していた[2]。

165

第5章　地区計画による容積率緩和がもたらす土地資産価値増大効果の計測

表5-1　神田和泉町地区・地区計画

	和泉町地区		
	A地区（昭和通沿） 商業地域（80/800）	B地区 商業地域（80/500）	C地区 商業地域（80/600）
容積率の最高限度	800％又は基準容積率 ＋120％の小さい方(*1)	600％又は基準容積率 ＋120％の小さい方(*1)	600％又は基準容積率 ＋120％の小さい方(*1)
容積率の最低限度	—	160％	
敷地面積の最低限度	50 ㎡		
壁面の位置の制限がかかる部分における工作物の制限	道路境界線から1ｍ ただし、複数の接面道路に壁面の位置の制限がある場合、1方向を除き高さ6ｍを超える部分は50㎝		
高さの最高限度	40ｍ	36ｍ（W＞6） 26ｍ（W≦6）	36ｍ

(注)　(＊1)：基準容積率を越える部分は住宅用途に限定
(備考)　イ）敷地面積の最低限度は、現にそれ未満の面積の敷地で、その全部を一敷地に利用する場合、適用しない。
　　　　ロ）Wは前面道路幅員［m］

(3) 地区の特徴

神田和泉町地区では、敷地面積50 ㎡未満の敷地が17.6％、同50 ㎡以上100 ㎡未満の敷地が47.3％を占めている。この敷地規模分布を見ると、東京23区全体と比較しても、狭小敷地が多い（**図5-3**）。

一方、敷地に接する道路の幅員に関してみると、4ｍ未満の道路に接する敷地はなく、また10ｍ以上の広幅員道路に接する敷地は24.3％を占めている。道路整備状況に関しては、東京23区全体と比較しても、良好な状況にあるといえる。しかしながら、前面道路幅員による容積率制限の適用除外により利用可能容積率が増大する可能性が高い前面道路幅員10ｍ未満の敷地が75.7％を占める（**図5-4**）。

このような地区属性から、道路等斜線制限や前面道路幅員による容積率制限の緩和によって利用可能容積率が増大する敷地は多いと推定される。

地区内245敷地を対象として実際に緩和容積率を計測したところ、83.7％の敷地で容積率が緩和されることがわかった（**図5-5**）。

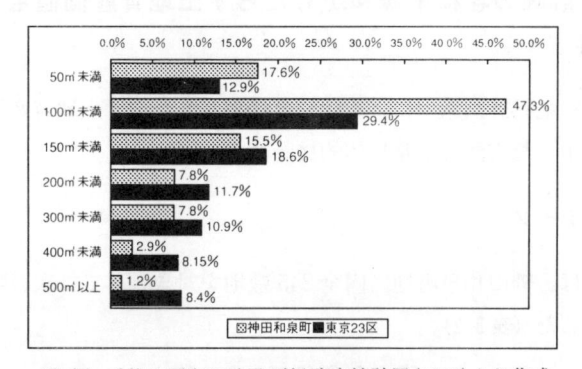

第5章 地区計画による容積率緩和がもたらす土地資産価値増大効果の計測

```
敷地規模　　　神田和泉町　東京23区
50㎡未満　　　17.6%　　　12.9%
100㎡未満　　 47.3%　　　29.4%
150㎡未満　　 15.5%　　　18.6%
200㎡未満　　 7.8%　　　 11.7%
300㎡未満　　 7.8%　　　 10.9%
400㎡未満　　 2.9%　　　 8.15%
500㎡以上　　 1.2%　　　 8.4%
```

(備考) 千代田区(1996)及び総務庁統計局(1993)より作成

図 5-3 敷地規模分布(神田和泉町地区及び東京23区)

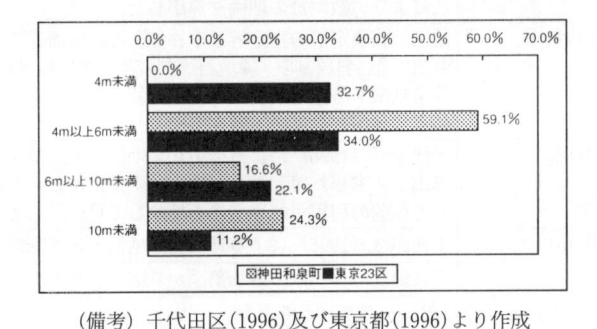

```
前面道路幅員　　　神田和泉町　東京23区
4m未満　　　　　　0.0%　　　32.7%
4m以上6m未満　　 59.1%　　　34.0%
6m以上10m未満　　16.6%　　　22.1%
10m未満　　　　　24.3%　　　11.2%
```

(備考) 千代田区(1996)及び東京都(1996)より作成

図 5-4 前面道路幅員(神田和泉町地区及び東京23区)

```
緩和容積率
0%　　　　　　　　　　　16.3%
0%を越え100%以下　　　  7.3%
100%を越え125%以下　　 68.2%
125%を越え150%以下　　  3.3%
150%を越え200%以下　　  3.7%
200%を超える　　　　　　1.2%
```

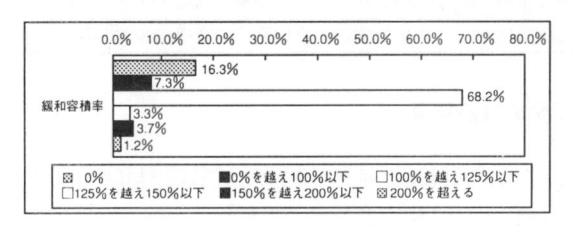

図 5-5 緩和容積率の分布

167

第5章 地区計画による容積率緩和がもたらす土地資産価値増大効果の計測

5-3. 地区計画の容積率緩和がもたらす土地資産価値増大効果の計測

このような地区計画適用による緩和容積率がもたらす土地資産価値増大効果を2で提示した方法により具体的に計測する。

(1) 収集データ

具体的には、神田和泉町地区内全245敷地を対象として、次の敷地属性を計測・算出した（表5-2）。

表5-2 収集データ一覧

地価(千円／m²)	東京国税局（1997）による1997年8月20日時点の路線価から国税庁（1964）に示された相続税評価額の標準的な算出方法により、敷地毎の地価を算出した。
従前利用可能容積率(100%)	地区計画策定前の指定容積率に加えて、前面道路幅員による制限、道路斜線制限、隣地斜線制限及び隣地境界から50cmの建築制限を考慮した従前の利用可能容積率。千代田区(1996)による神田和泉地区・敷地割図より計測算出。
緩和容積率(100%)	千代田区（1996）による神田和泉地区・敷地割図より計測・算出して求めた緩和を含む地区計画策定後の利用可能容積率から従前の利用可能容積率を控除して算出。
前面道路幅員(m)	千代田区（1996）による神田和泉地区・敷地割図より設定
間口／奥行	千代田区（1996）の敷地割図から図上計測・算出。
最寄駅までの道路距離(m²)	1/2,500 地形図から計測。
前面道路の歩道の有無	1/2,500 地形図から計測。
敷地面積(m²)	千代田区（1996）の敷地割図から図上計測・算出。
幹線道路までの道路距離(m)	昭和通り迄の道路距離を1/2,500 地形図から図測。
公園までの直線距離(m)	和泉公園迄の直線距離を1/2,500 地形図から図測。

(2) 地価関数の推計結果

関数型としては、1)線型（通常回帰）及び2)線型（ゼロ切片回帰）の2ケースについて推計を行った。

説明力も高く、各変数の符号条件も適切なものとして推計されたのが、線形（通常回帰）による地価関数である（表5-3）。

第5章　地区計画による容積率緩和がもたらす土地資産価値増大効果の計測

表 5-3 地価関数の推計結果

```
(地価) =    184.71    × (従前利用可能容積率)
           (19.640)
        +  103.91    × (緩和容積率)
           (4.999)
        +   29.233   × (前面道路幅員)
           (19.934)
        +    0.27452 × (敷地面積)
           (16.121)
        -  119.56
           (-2.739)

自由度調整済み決定係数 R² = 0.9670
```

(備考) カッコ内数値は t 値

　この地価関数では、最寄駅までの道路距離、前面道路の歩道の有無、間口/奥行、幹線道路までの距離、公園までの直線距離については有意な変数として採用されていない。これは、面積約 4.3 ha という狭い地域の敷地を分析対象としているため、その同質性が高かったからと推定される。

　推定された係数は、緩和容積率を含め、符号条件は適切であり、t 値も有意な値を示している。自由度修正済み決定係数は 0.9670 であり、式全体として高い説明力を有している。

　なおこの地価関数に関しては、従前利用可能容積率と緩和容積率との相関係数が-0.767 で、負の相関が高い。このため、多重共線性の問題がある程度生じている。しかしながら、t 値も 5 程度に達しており、回帰係数の 95%信頼区間も下限値 62.96、上限値 144.86 と推定され、緩和容積率が地価を有意に高めている要因であることは検証されている。

　推計された地価関数から地区計画による容積率緩和がもたらす土地資産価値増大効果を算出すると、計測対象 245 敷地の面積加重平均による地価は、約 8.3% 増大していると推計され、その 95%信頼区間は下限値 5.0%、上

限値11.6%である。この効果には、すでに述べたように、利用可能容積率増大による高度利用効果と隣接敷地の利用可能容積率増大による環境効果が含まれている。

また、**表5-3**の地価関数において、従前利用可能容積率のパラメータが184.71に対し、緩和容積率のパラメータは103.91と大きな差がある。これは、街並み誘導型地区計画による前面道路幅員による容積率制限や斜線制限の緩和が特定行政庁の認定のみで行われることから、他の類似制度と比較すればその実現の確実性が高いとはいえ、何の裁量もなく確認のみで利用できる従前利用可能容積率と比較すれば、相対的には不確実であること、又、神田和泉町地区の都心型地区計画では緩和容積率の用途は住宅に限定されていることによるものと考えられる。

(3) 地価関数推計結果の評価

① 本推計における被説明変数としての地価

本推計で使用した被説明変数としての地価は前述した通り東京国税局(1997年)による1997年8月20日時点の路線価から、国税庁(1964年)に示された相続税評価額の標準的な算出方法により、神田和泉町地区内の全245敷地を対象として敷地毎の地価を算出したものである。

② 路線価の決定方法

路線価は、毎年1月1日を評価時点として、地価公示価格、売買実例価額、不動産鑑定士等による鑑定評価額、精通者意見価格等を基に、公示価格と同水準の価格の8割程度により評価している。

地価公示価格も、一般の不動産鑑定評価も、基本的には同様の方法により鑑定評価される。

a) 第1に、取引事例比較により比準価格を求める。
b) 第2に、収益還元法により収益価格を求める。
c) その他、最近造成された団地内の土地などについては、原価法によって積算価格を求める。

第5章　地区計画による容積率緩和がもたらす土地資産価値増大効果の計測

以上の3つの方法で、それぞれの試算価格を求め、3つの試算価格に開差がある時は、この差が調整され、最終的に評価額が決定される。

取引事例比較に際しては、用途地域及びその他の地域地区等による規制の種類や前面道路幅員や敷地形状の相異に関する要因の比較が行われるため、指定容積率、接道条件、敷地条件等によって規定される利用可能容積率が影響を与えている。また、利用可能容積率は、それが土地利用収益を規定する重要な要因であるため、収益還元地価に対しても当然大きな影響を与えることとなる。

このため、これらを総合的に勘案して定められる路線価に対しても、利用可能容積率は一定の影響を与えることになる。

③　路線価方式による個別敷地の地価の決定方法

路線価方式は、評価対象地が接する路線価に必要な画地調整率を乗じて評価額を算出する。

a)　奥行き価格補正（相続税・地価税に関する財産評価基本通達15（以下、「評価通達」という。））

一方の路線に接する宅地の価格は、路線価にその宅地の奥行き距離に応じて一定の補正率を乗じて求めた価額を基として計算する。

b)　側方路線影響加算（評価通達16）

角地の価格は、正面路線の路線価に、側方路線の路線価×一定の加算率を合計した価額を基として計算する。

c)　二方路線影響加算（評価通達17）

正面と裏面に路線がある宅地の価額は、正面路線の路線価に、裏面路線の路線価×一定の加算率を合計した価額を基として計算する。

d)　その他

a)〜c)の他、三方又は四方路線影響加算、不整形、無道路地、間口狭小宅地、がけ地等の調整が行われる。

④　路線価方式による算出地価を被説明変数として、地価関数を推計し、地価形成に与える利用可能容積率の寄与分を抽出するこ

第5章 地区計画による容積率緩和がもたらす土地資産価値増大効果の計測

との意味について

a) 以上のように、路線価には、沿道敷地の利用可能容積が反映される。このため、路線価方式により算出した個別敷地の地価に対しても、利用可能容積率の地価が反映されている。

しかしながら、路線価の算出に際して、利用可能容積率の影響を一定の算出式によって一律に反映させているわけではない。路線価は、地価公示価格、売買実例価額、不動産鑑定士による鑑定評価額を踏まえ、総合的に評価されるものであるため、路線価方式によって地価を算出したとしても、その算出方法自体から直ちに利用可能容積率による寄与分が定まるわけではないといえる。

b) また、利用可能容積率が地価に対して与えている影響は、地域の実情に応じて多様であると考えられる。

例えば、高い指定容積率が指定され、形状・接道条件の良好な敷地であっても、土地利用ポテンシャルが低い立地条件にある敷地では、地価に対する利用可能容積の寄与分は小さい場合もありうる。

利用可能容積率の緩和が行われたからといって、それが地価を増加させるか否か、又、どの程度上昇させるかは多様である。

このため、利用可能容積率が地価に与える影響を分析するためには、ある特定の地域を対象として、本推計のように路線価方式により評価された個別敷地の地価を被説明変数として地価関数を推計し、利用可能容積率による寄与分（特に本推計では利用可能性が確実な従前利用可能容積率と利用可能性に関し一定の不確実性と用途制約のある緩和容積率に分けた各々の寄与分）を抽出することは意義があると考えられる。

⑤ 地価関数の推計結果の評価

以上のように、元々利用可能容積率の影響を一定程度受けている路線価方式による地価を被説明変数とする今回の地価関数の推計であることにつき一定の留意をおく必要はあるが、

a) 神田和泉町地区内の地価形成に関する従前利用可能容積率、緩和容積

第5章　地区計画による容積率緩和がもたらす土地資産価値増大効果の計測

率、前面道路幅員及び敷地面積の寄与度を定量的に、かつ、高い説明力で抽出できたこと。

　b) 利用可能性の確実な従前利用可能容積率と利用可能性に関し一定の不確実性と用途制約のある緩和容積率の地価形成に対する寄与度の差を定量的に示し、都市計画・建築規制における不確実性や用途制約の効果を具体的に示しえたこと

について、一定の意義があると評価できる。

(4) 街並み誘導型地区計画による緩和容積率が有意な地価上昇要因となる理由

街並み誘導型地区計画による容積率緩和は、特定行政庁による認定という手続きを経て初めて付与されるという意味で不確実性を有する。しかしながら、同制度による斜線制限の緩和や前面道路幅員による容積率制限の緩和は、以下の理由により、他の類似の制度と比較して、相対的には確実性が高いものと考えられる。このことが街並み誘導型地区計画による緩和容積率が有意な地価上昇要因となる理由と考えられる。

① 他の制度と比較し確実性が高い斜線制限の緩和

第一に、従来、建築基準法における道路等斜線制限の緩和は、厳格な手続きを要していた。具体の建築計画を対象として建築物の容積、形態等に対する詳細な建築制限を地域地区による都市計画に定める特定街区制度（建築基準法60条）を除けば、総合設計（同59条の2）、高度利用地区（同59条）、再開発地区計画（同68条の5）等のいずれの制度も、道路等斜線制限の緩和に対しては、建築審査会の同意を経た特定行政庁の許可という手続きを要する。

例えば再開発地区計画では、容積率の最高限度が定められている区域内では、特定行政庁の認定により、指定容積率制限のみならず、前面道路幅員による容積率制限も緩和される。具体的には、「特定行政庁が交通上、安全上、防火上及び衛生上の支障がないと認めるものについては、第52条の規定は適用しない」（建築基準法68条の5第1項）とされる。さらに、斜線制限も適

173

用除外できる。しかしながら、後者のためには、建築審査会の同意を前提とした特定行政庁の許可という手続きを必要とする。

「認定」は、一定の基準を満たしている限り認定しない裁量は認められない羈束行為である。これに対して、「許可」は裁量行為であって特定行政庁は許可しない裁量を有する。実態上としては「認定」される要件と「許可」される要件とでは大きな相違はないとも考えられるが、少なくとも法令上の位置付けとしては厳然たる差があるのであり、その定性的な相違は大きいと推測される。

このため、再開発地区計画制度等による斜線制限緩和は、認定手続によって得られる街並み誘導型地区計画制度による斜線制限緩和と比較して、不確実性が大きいと見込まれる。この場合には、再開発地区計画策定地区等において、斜線制限緩和による容積率増大分を説明変数とし、これが許可されるか否か事前確定していない段階で評価した地価を被説明変数とする地価関数を推計しても、その不確実性ゆえに有意な説明変数とならないことが生じうる。

② 他の制度と比較し確実性が高い前面道路幅員による容積率制限の緩和

第二に、従来、建築基準法における前面道路幅員による容積率制限の緩和にも、厳格な手続を要していた。これらの特例規定としては、壁面線の指定（建築基準法46条）、予定道路の指定（同法68条の7）等がある。

特定行政庁が壁面線を指定すると、具体的には、「街区内における建築物の位置を整え、その環境の向上を図るために必要があると認める場合に」、「指定に利害関係を有する者の出頭を求めて公開による聴聞を行」った上で、「建築審査会の同意を得て」指定するものである（建築基準法46条1項）。壁面線を超える部分に建築制限が課せられるほか（「建築物の壁、若しくはこれに代わる柱又は高さ2メートルを越える門若しくはへいは、壁面線を越えて建築してはならない。」（同47条））、特定行政庁が許可した建築物（具体的には、「街区内において、前面道路と壁面線との間の敷地の部分が当該全面道路と一体的

第5章 地区計画による容積率緩和がもたらす土地資産価値増大効果の計測

かつ連続的に有効な空地が確保されており」、かつ、「交通上、安全上及び衛生上支障がない」と認め、建築審査会の同意を得て許可した場合。）に関しては、「当該前面道路の境界線又はその反対側の境界線はそれぞれ当該壁面線にあるものとみな」される（同52条8項前段。この特例規定は、1987年、建築基準法改正により創設された。）[3]。

一方、特定行政庁による予定道路の指定（地区計画等に道の配置及び規模が定められている場合で、予定道路の敷地となる土地所有者等の同意を得た場合等に際し、政令で定める基準に従い、特定行政庁が指定する（建築基準法68条の7第1項、2項)。）の効果としては、壁面線の指定と同様の建築制限が課せられるほか、建築物の敷地が予定道路に接するとき等において、特定行政庁が許可した建築物（具体的には「交通上、安全上、防火上及び衛生上支障がない」と認め、建築審査会の同意を得て許可した場合。）については、予定道路の幅員を前面道路幅員と見なして容積率制限が適用される（同68条の7）。この特例規定は、1992年、建築基準法改正により創設された[4]。

すなわち壁面線あるいは予定道路における前面道路幅員による容積率制限の緩和は、再開発地区計画等による斜線制限等の緩和同様に特定行政庁による許可を要するのであって、認定手続によって得られる街並み誘導型地区計画制度による前面道路幅員による容積率制限の適用除外と比較して、不確実性が大きいと見込まれる。この場合には、前面道路幅員による容積率制限緩和による容積率増大分を説明変数とし、これが許可されるか否か事前確定していない段階で評価した地価を被説明変数とする地価関数を推計しても、その不確実性ゆえに有意な説明変数とならないことが生じうる。

③ 街並み誘導型地区計画制度による容積率制限等緩和の特色

街並み誘導型地区計画制度による斜線制限緩和や前面道路幅員による容積率制限緩和は、特定行政庁の認定という手続によって認められるため、許可という手続を要する他の類似制度に比較すれば確実性が高い。このために、緩和による容積率増大分を説明変数とし、これが認定されるか否か事前確定していない段階で評価した地価を被説明変数とする地価関数を推計した際

に、容積率増大分が有意に地価を上昇させる要因であることが検証できた理由のひとつであると考えられる。

5-4. まとめ

本章の意義は、都心区型地区計画の計画事項に関する個別要因が、様々な相関関係を経て、土地資産価値の増大という結果をもたらすメカニズムについて理論モデルを構築し、これを定性的・定量的に解明したことにある。

具体的には、次の結論を得た。

① 都心区型地区計画策定による土地資産価値増大効果は、(a)当該敷地の利用可能容積増大による高度利用効果、(b)隣接敷地の利用可能容積率増大による環境効果及び(c)地区全体の計画的市街地更新による環境効果から構成される。(c)は地区内の全敷地に対してほぼ一律の効果がもたらすが、(a)及び(b)の大きさは個別の敷地毎に異なる。

② 地区計画策定地区内だけの敷地を対象として、従前利用可能容積率及び緩和容積率の双方を説明変数として採用した地価関数を推計するというヘドニックアプローチにより、(c)の効果を捨象した(a)+(b)だけの効果すなわち都心区型地区計画による容積率緩和がもたらす土地資産価値増大効果を計測することが可能となる。

③ 神田和泉町地区を対象とする実証分析によると、地区計画による緩和容積率は土地資産価値を増大させる有意な要因である。緩和容積率により、同地区内の面積加重平均による地価は、約8.3％（1997年）増大していると推計される。

注

(1) 千代田区（1996）による。
(2) 千代田区（1996）による。
(3) 建築基準法の一部を改正する法律（1987年6月5日法律66号）、建築基準法施行会の一部を改正する政令（1987年10月6日政令348号）、建築基準法施行規則の一部を改正する省令（1987年11月6日、建設省令25号）。1987

第 5 章　地区計画による容積率緩和がもたらす土地資産価値増大効果の計測

年 11 月 16 日施行。
(4)　都市計画法及び建築基準法の一部を改正する法律(1992 年法律 82 号)、都市計画法施行令及び建築基準法施行令の一部を改正する政令(1993 年政令 170 号)。

参考文献
和泉洋人（1997）「容積率緩和型制度の系譜と用途別容積型地区計画制度の意義」都市住宅学 18 号
和泉洋人（1998）「地区計画策定による土地資産価値増大効果の計測」都市住宅学 23 号
建設事務次官（1988）『都市再開発法及び建築基準法の一部改正について（都再発 129 号、各都道府県知事及び各政令市の長宛通達 12 月 22 日付け）』
建設省住宅局長（1995）『住宅地等における壁面線制度の積極的かつ弾力的活用について(住街発 53 号、建設省住宅局長から特定行政庁宛 5 月 25 日付通達)』
建設省住宅局（1998）『住宅市街地総合整備事業の評価手法検討調査』
建設省都市局長、建設省住宅局長（1995）『都市再開法等の一部改正について（都計第 72 号、住街発第 51 号、各都道府県知事及び各指定都市の長宛通達 5 月 25 日付）』
建設省都市局・住宅局（1998）『市街地再開発事業の効果の推計』
国税庁直税部長（1964）『財産評価基本通達（直審 17 号、直資 56 号、4 月 25 日付』
総務庁統計局（1993）『住宅統計調査』
千代田区（1996）『神田和泉町地区・地区計画策定調査・報告書』
東京国税局（1997）『平成 9 年度分財産評価基準書・路線価図』大蔵省印刷局
東京都（1997）『東京の土地 1996』
肥田野登・山村能郎・土井康資（1995）「市場データを用いた商業・業務地における地価形成および変動要因分析」都市計画学会学術研究論文集、No. 30
肥田野登・林山泰久・井上真志（1996）「都市内交通のもたらす騒音及び振動の外部効果の貨幣計測」環境科学会誌、Vol. 9、No. 3

第6章　結論及び今後の検討課題

6-1. 結　論

　建築基準法のいわゆる集団規定は、都市計画区域内等において建築物の形態、用途、接道等について制限を加えることにより、建築物が集団で存している都市の機能の確保や良好な市街地環境の確保を図っている。
　この中で、用途地域による容積率制限は、建築物の密度を規制することにより公共施設負荷を調整するとともに、空間占有度を制御することを通じて、市街地環境を確保することを目的として導入された。
　ところが、特に東京等の大都市地域においては、ひとたび用途地域による容積率制限が導入されると、地価水準の上昇とともに、地主にとって容積率が経済価値化し、このため、特定の地区を対象として指定容積率を変更することは、公共施設の整備等特別の理由が存しないかぎり、権利制限についての公平性担保を欠くおそれがあるという観点から実務上困難になる場合が生じ、結果的に、機動的運用を容易ならざるものとした。
　また一方、容積率制限の弊害とはいえないが、大都市地域等における既成市街地で道路、公園等の公共施設が未整備なまま市街化が進展し、建築物が建ち並ぶなかで、市街地環境が規制により確保される最低限のレベルにとどまるような場合が見られた。
　このような問題に対処するため、用途地域による容積率制限導入以降、これを補完する手段として、一定の条件の下で用途地域による容積率制限等を緩和する容積率制限等緩和型制度、すなわち公共施設が整備済みである、又は確実に整備が見込まれるなど一定の要件が満たされることで公共施設への負荷を調整するとともに、有効な空地の確保等による市街地環境の整備・改善への貢献に応じて、用途地域による容積率制限を緩和するとともに、斜線

第6章　結論及び今後の検討課題

制限等をも緩和することを可能とする制度が創設・導入されていった。

このような容積率制限等緩和型制度の中で、近年、特に東京都心区等において、用途別容積型地区計画制度及び街並み誘導型地区計画制度を併用した地区計画制度（以下「都心区型地区計画制度」という。）が積極的に活用されている。

これら制度が特に大都市の既成市街地の再編と住宅確保のために、積極的に活用されているのは、これら制度の創設以前に導入された他の容積率制限等緩和型制度の限界等を踏まえ、特に大都市都心部の既成市街地の実態に対応し、容積率制限等緩和の要件が比較的緩やかであり、かつ、地域住民の積極的参加を図りつつ、地方公共団体が弾力的・機動的に運用することも可能であり、このため地権者等住民にとっての計画策定によるインセンティブも高いためであると考えられる。

本研究は、次の事項を具体的に解明した。

(1) 建築基準法、都市計画法等における容積率制限等緩和型制度について、その成立過程の分析を踏まえつつ、体系的に整理し、法令上の規定及び通達等による運用上の基準を分析することによって、容積率制限等緩和型制度は、① 公共施設への負荷調整及び空間占有度の制御のための措置を地域地区に係る都市計画決定という手段によって担保し、建築確認時点で緩和された容積率制限を用途地域による容積率制限とみなす等によって容積率制限等を緩和する制度（特定街区制度及び高度利用地区制度）、② 特定行政庁が、建築審査会の同意を得て建築計画上の担保措置を許可する際にみきわめることによって容積率制限等の緩和を行う制度（総合設計制度）及び ③ 地区計画等に係る都市計画決定を条件として、特定行政庁が認定することによって用途地域による容積率制限を超える容積率を適用するとともに、建築審査会の同意を得た特定行政庁の許可によって斜線制限等も緩和する制度（再開発地区計画制度等）に大きく3類型に分類されることを明らかにした。

用途別容積型地区計画制度及び街並み誘導型地区計画制度は、第3の類型に基本的に位置づけられる。第1、第2の類型とは異なり、具体的な建築計画の存在を前提としなくても適用可能であるため、既成市街地において地区

第6章　結論及び今後の検討課題

計画の計画事項に則した建替を誘導し、市街地環境の整備・改善を図るための制度であると性格づけがされている。しかしながら、用途別容積型地区計画制度は、特定行政庁の認定なしに確認段階で容積率制限の緩和が可能であるし、街並み誘導型地区計画制度は特定行政庁の認定によって斜線制限も緩和することが可能であるという意味で、第3の類型の中でも特異な制度として位置づけられることを示した。

(2) 用途別容積型地区計画制度が創設された経緯、具体的には当時の社会的背景や国会における審議内容等を分析することによって、同制度は、都市部の既成市街地のうち公共施設の整備状況が比較的良好な地区を対象として、個別の建築行為の誘導により住宅供給を含めた市街地環境の整備・改善を図るための制度として創設されたという立法意図を明らかにした。

次いで法令上の規定及び通達等による運用上の基準を分析することによって、同制度はその立法意図を実現するため、裁量の余地が少ない都市計画決定＋確認という明解かつ簡便な手続きにより住宅用途に対する容積率緩和を実現し、しかも計画要件としては、新たな公共施設整備が要請されないという法制スキームとして設計されており、しかも容積率の緩和に対応した市街地環境担保のための空地確保を地区全体で計画的かつ効率的に行えるため、結果として機動的・弾力的運用が可能な制度となっているという同制度の特色を明らかにした。

さらに、このように弾力的な容積率制限等緩和型制度の創設が可能となった理由は、住宅の発生集中交通量は他の用途に比較して小さいという客観的事実に基づく知見にあり、これを踏まえた用途別容積率の指定という新たな公共施設負荷調整手法が法令上初めて導入されたためであることを明らかにした。

(3) 街並み誘導型地区計画制度が創設された経緯、具体的には当時の社会的背景や国会における審議内容等を分析することによって、同制度は、都市部の既成市街地のうち公共施設の整備が不十分な、又今後も本格的な公共施設の整備が困難と見込まれる地区をも対象として、都心居住推進及び都市の防災性向上という課題にも資するため、市区町村の創意工夫と地域住民の主

181

第6章 結論及び今後の検討課題

体的な参画により、市街地環境の整備・改善を図っていくための制度として創設されたという立法意図を明らかにした。

次いで法令上の規定及び通達等による運用上の基準を分析することによって、同制度は公共施設の整備が不十分である一般的な既成市街地においても、建築物の用途・容積・形態を公共施設整備状況とのきめ細かなバランスを保ちつつ総合的にコントロールすることを法令上の規定によって担保した制度スキームとして設計されていることを示し、このために、地権者に対して十分なインセンティブを付与しつつ、個別の建築活動の誘導によって、地域特性を生かした市街地像を実現する制度の創設が可能となっているという同制度の特色を明らかにした。

(4) 都心区型地区計画が策定されれば、地権者が利用可能な容積率が増大するとともに、計画事項に適合した建替が漸次的に積み重ねられることによって、通路・空地等の空間が整備され、統一的な街並み景観が形成されることを通じて、居住者の効用は増大し、これらを通じて地権者にとっての土地経営の期待収益は増大すると考えられる。この仮説を検証するため、ヘドニックアプローチを活用した地区計画による2種類の土地資産価値増大効果計測手法を開発し、これを千代田区地区計画策定状況データに適用することによって、その効果を計量的に計測した。

① 地区計画が策定された地域とそれ以外の地域の双方を含む地域を対象として、地価及び地点属性データを収集したうえで、説明変数として地価調査地点が策定地域内である場合に1、地域外の場合に0の値をとる地区ダミー変数を含めた地価関数を推計する手法を開発した。この時、地区ダミー変数の係数には、地区計画策定の有無のみならず、採用された地価説明要因以外の地区属性による影響が含まれている可能性があるため、地区ダミー変数の係数が有意な値として推定されたからといって、直ちに、それを地区計画策定による効果とすることはできない。ただし、まだ地区計画が策定されることもなく、また将来において地区計画が策定されることも予想されていなかった過去の時点での地価関数を推計し、その時点での地区ダミー変数が地価を説明する有意な要因でないことが併せて検証できれば、地区計画策定時

点での地区ダミー変数の係数が地区計画策定による効果であることの蓋然性は高い。

千代田区では、現在10地区において都心区型地区計画が計画決定済み又は計画手続き中である。うえの方法によってこれら地区での地区計画策定による土地資産価値増大効果を試算したところ、これら地区では他の地区に比較し、土地資産価値が約15万円／㎡（1998年）上昇していることが明らかになった。

② また都心区型地区計画策定による土地資産価値変動効果は、(a)当該敷地の利用可能容積増大による高度利用効果、(b)隣接敷地の利用可能容積率増大による環境効果及び(c)地区全体の計画的市街地更新による環境効果から構成される。(c)は地区内の全敷地に対してほぼ一律の効果がもたらすが、(a)及び(b)の大きさは個別の敷地毎に異なる。

このため、地区計画策定地区内だけの敷地を対象として、従前利用可能容積率及び緩和容積率の双方を説明変数として採用した地価関数を推計するというヘドニックアプローチにより、(c)の効果を捨象した(a)+(b)だけの効果すなわち都心区型地区計画による容積率緩和がもたらす土地資産価値増大効果を計測する手法を開発した。

うえの方法によって、千代田区神田和泉町地区を対象として地区計画策定による土地資産価値増大効果を試算した。その結果、地区計画による緩和容積率は土地資産価値を増大させる有意な要因であって、緩和容積率により同地区内の資産価値は約8.3%（1997年）増大していることを明らかにした。

6-2. 今後の検討課題

日本の都市における市街地環境の保全及び整備・改善のためには、用途地域による容積率制限及び容積率制限等緩和型制度について今後とも一層の研究の蓄積を図り、合理的な容積・形態規制制度のあり方を探っていくことが重要な課題であると考えられる。このような研究課題を、以下に摘出する。

(1) **都市計画・建築規制体系における容積率制限の本来の意義に関する検討**

第6章 結論及び今後の検討課題

序章(3)「今までの関連研究の概観」において、我国の都市計画制度において容積率制限が本格的に導入される直前から容積率制限等緩和型制度が地区計画制度の一環として種々創設されるまでの間の諸研究について整理したが、これらの容積率制限に係る研究は次のような観点に大別されるものと考えられる。

類型Ⅰ 容積率制限に関する基礎的研究
密度規制としての容積率制限の重要性、合理性の研究、建築物の床面積と発生交通量との関係に関する研究等の基礎的研究

類型Ⅱ 用途地域による容積率制限の指定に関する実証的研究
具体の都市計画における、用途地域による容積率制限の指定の考え方、根拠、妥当性等に関する実証的な研究

類型Ⅲ 容積率制限等を含む土地利用規制に係る制度論的研究
我が国の土地利用規制制度の成立過程の分析、外国の土地利用規制制度（容積率制限等緩和型制度を含む）との比較等を通じた制度論的研究

類型Ⅳ 容積率制限等緩和型制度の研究
我が国の容積率制限等緩和型都市計画制度について、成立の背景、目的、制度間比較、運用実態とその評価等に関する研究

類型Ⅴ 容積率制度等の形態規制等と地価との関係に関する研究
容積率制限等の形態規制の緩和やそれを含む市街地整備諸事業が地価に与える効果を定量的に分析する研究

以上の類型を踏まえ、容積率制限に係る研究の現状を次のように評価できる。すなわち、新都市計画法の施行に伴い、我が国において用途地域による

第6章 結論及び今後の検討課題

容積率制限が全面的に導入される。

導入時における容積率制限の目的は

a) 公共施設との負荷調整

b) 空間占有度の制御を通じた市街地環境の確保

であるが、実際の指定は既存研究も指摘するよう、現状追認型の指定にならざるを得ず、厳密な意味で公共施設とのバランス等を踏まえて指定されたものではなかった。

一方、バブル崩壊前までは地価の恒常的上昇の過程で、容積率制限が結果として経済価値化し、本書でも東京都で例を指摘しているよう、用途地域による容積率指定が硬直的な運用にならざるを得なかった。その結果、政治、行政、民間、市民、研究者等容積率制限に係る全ての主体の関心が、容積率制限の本来の目的や用途地域による容積率指定のあり方等からはずれ、用途地域による容積率の指定を前提とした個別の緩和制度に重点化したといえる。そのため、類型III、類型IVに該当する研究や論文の発表は近年活発であるものの、膨大かつ実証的な研究が不可欠で時間も費用もかかる類型I、類型IIに属する研究が極めて低調である。

本書も用途地域による容積率制限の存在を前提に、容積率制限等緩和型都市計画制度の特色を分析しているが、前提となる用途地域による容積率の指定が現状追認的に行われているという制約があり、相対的な研究にとどまっており（すなわち現在の指定容積率に合理性があるとすれば、個別制度による緩和は一定の論理のもとに正当化される など）一定の限界がある。

従って、既に新都市計画法の施行後30年以上の時間が経過したことを踏まえ、以下に述べる個別の検討課題に加え、

a) 容積率制限の実態とその合理性に関する実証的な研究（公共施設の種類毎のバランスの定量的分析、空間占有度の制御の有効性の実態的分析 など）を本格的に実施することが必要であり、その上で、

b) 都市計画・建築規制体系における容積率制限の本来の意義について、

b-1) 容積率制限は理論的にも実態面でも公共施設との負荷の調整及び空間占有度の制御による市街地環境の確保という技術的客観的制限なの

第6章 結論及び今後の検討課題

か否か。
b-2) 一定の法的な手続きにより私権制限として正当化され、創設される社会的規制なのか否か
b-3) 上記の双方の側面を有するとすれば、双方の側面が具体の容積率制限を設定するに当たって、どのような役割分担を果たすべきか。

に関する理論的研究を深化する必要がある。

そして、以上のような研究を基礎として、容積率制限等緩和型都市計画制度を含む我国の都市計画・建築規制体系における容積率制限の本来の意義を明確化し、その意義付けに基づき現在の我が国の都市計画・建築規制の体系における容積率関連諸制度の再点検と新たなパラダイムの検討を行う必要がある。

(2) 用途地域による容積率制限に関する今後の検討課題

① 容積率制限そのものに関する合理性についての問題提起とその解明

用途別容積型地区計画制度や街並み誘導型地区計画制度の創設は、用途別の発生集中交通量に関する知見やこれら制度導入以前に導入された制度の運用に基づく新たな市街地環境の制御方法に関する知見によって、新たな制度スキームの構築が可能となった典型例であった。経済社会の変化に対応し今後とも、容積率制限等緩和型制度の改善・再編が求められるのみならず、そもそも容積率制限の存立自体に関する問題提起がなされてくることも考えられる。

その代表的なものが、道路混雑料金制度の導入を前提とした容積率制限の撤廃論であると考えられる。現在は、厳格な意味での道路混雑料金の徴収が実施されている国や都市はない。しかしながら、その近似システムとしてのトールリングシステムについては、ノルウェーのベルゲン、オスロ、トロンハイムの3市並びにシンガポール市で導入・運用されている。トールリングシステムとは、都市中心部に半径数キロメートル程度の仮想的なリングを想定し、都市周辺部からリング内の都市中心部への流入車両から料金徴収を行うものである。ベルゲンを除く3都市では電子式の自動料金徴収が行われ、

第6章 結論及び今後の検討課題

トロンハイム市及びシンガポール市では、ピーク時の重課金が実施されるに至っている。

　建築基準法及び都市計画法における体系においては、用途地域による容積率制限は、道路等公共施設に対する負荷を調整するとともに、建物による空間占有度を制御することを通じて、市街地環境を確保するために定められているとされる。道路混雑料金制度が導入されれば、少なくとも、建物の発生集中交通による道路への負荷を直接制御することが可能となる。ITの進歩に伴い、別の手段の導入によって直接的に道路等公共施設に対する負荷の調整を担保することが可能になれば、建物による空間占有度は、高さ制限や建物の壁面の位置の制限等によっても制御可能であるため、容積率制限を撤廃することも可能となるというものである。

　例えば、その最も具体的な提案である経済審議会（1996）114頁は、「床面積とインフラ負荷が比例するという前提自体、証明がなされたことがないのみならず、直感的にもこれを信じることは困難である。例えばデパートのような商業施設と異なり、通路や駐車場に対する負荷には大きな差がある。容積率は年中同じであるが、道路や鉄道の混雑は季節や時間によって大幅に変動する。」とする。建物による空間占有度の制御に関しても、「端的に建築物の形態そのもののコントロールに全面的に委ねられるべきであ」るとして、容積率制限という間接的手法に頼るよりは、道路混雑料金制度という発生集中交通負荷の直接制御手段のほうが合理的であることを論じている。

　ただし、現時点ではまだ、区域毎の道路整備状況の相違に対応し、地点毎に異なる混雑状況に応じて課金するシステムは開発されていない。また、容積率制限の撤廃を前提として、空間占有度を制御する形態規制のあり方も解明されているとはいえない。このため、この問題は将来的な検討課題として位置づけざるを得ない。

　但し、近年の情報通信技術の進歩には急速なものがある。日本でも高速道路料金の電子式自動徴収システム（Electronic Toll Collection）は、実稼働段階に到達しているし、東京都はロードプライシングの導入に関する検討作業に着手した。ノルウェー3都市やシンガポール市のトールリングシステム

第6章　結論及び今後の検討課題

も、複数リング型のより精緻なシステムへと進化しつつある。

　比較的近い将来には、区域の道路整備状況に対応し、その混雑状況に応じてきめ細かに料金を徴収する技術の開発も可能であると予想される。道路混雑料金制度の導入は社会的合意形成が困難との指摘はあるものの、その導入検討は、あらためて容積率制限の必要性、妥当性に関する検討を要請するものと考えられる。

　② 用途地域による容積率指定の適切なあり方

　現行都市計画・建築規制制度が有する容積率制限の理念及び緩和型制度を含めた諸制度が適切なものであるとしても、特に大都市地域において現に用途地域等により定められている容積率指定が直ちに正当化されるわけではない。今後とも、容積率制限の強化又は緩和に関して、様々な議論が展開することと予想される。

　現に多くの都市では、容積率制限の導入に際して、すでに市街化が進展した区域における建築物の状況に応じて、いわば後追い的に容積率制限が指定され、必ずしも理論的な根拠にもとづいて指定されたわけではないという実態もある。

　こうしたことに鑑み、高齢化の進展や地球環境による制約の高まりを踏まえたコンパクトな都市構造の実現等の課題対応から、中期的には各都市圏毎に、将来の総床需要をフレームとして算出し、適切な都市の広域構造及び市街地像の策定を通じて、道路、鉄道等公共施設の容量と負荷量のバランスをチェックしつつ、これを地区毎に配分していくという見直し作業があらためて必要になると考えられる。このためには、建築用途別の床面積当たりで、公共施設に対してどれだけの負荷を与えるか、どこまで公共施設を整備すればこれを処理できるのかについて、より詳細な実証研究が必要であるとともに、あるべき市街地像に関する規範的研究が課題であると考える。

(3)　容積率制限等緩和型制度のあり方についての今後の検討課題

　① より機動的で弾力的な容積率制限等緩和型制度のあり方

第6章 結論及び今後の検討課題

　都市計画実務においては、各地域毎に定められた容積率制限が適切ではなくなっている場合であっても、これを変更していくうえでの十分な理論的根拠が確立されているわけでもなく、地権者にとって経済価値化した容積率制限を変更していくことは、実務的に困難な場合が多い。

　このような状況に鑑みれば、公共施設が整備済みである、又は確実に整備が見込まれるなど一定の要件が満たされることで公共施設への負荷を調整するとともに、有効な空地の確保等による市街地環境の整備・改善への貢献に応じて、用途地域による容積率制限を緩和するとともに、斜線制限等をも緩和することを可能とすることによって、用途地域による容積率制限を補完する容積率制限等緩和型制度の役割は依然として重要であると考えられる。

　このため、多様な市街地類型に対応し、地方公共団体にとっても機動的かつ弾力的な運用が可能であり、公共施設に対する負荷の調整と建物による空間占有度の制御も確実に担保され、しかも容積率等制限の緩和の程度も大きいため地権者にとってのインセンティブも大きいという意味で実効性も高い容積率制限等緩和型制度のあり方を探り、既存制度の整理・合理化を図りつつ、その改善を図っていくことは、なお重要な研究課題であると考えられる。

　ただし、現にある容積率制限等緩和型制度の体系を前提とすれば、新たな制度創設の余地は大きいとは言い難い側面がある。

　例えば、都市計画法・建築基準法の体系においては、市街地環境の改善イコール「空地の確保」等として、比較的狭く、限定的に解釈する傾向がある。このような理念を踏まえて、総合設計制度では、市街地環境の整備・改善への貢献として公開空地の確保、住宅供給、公共駐車場の整備等を具体的かつ明確な基準に基づいて評価し、これに応じて特定行政庁が容積率の割増を許可する制度として運用していることは既に述べた。しかしながら容積緩和の対象となる市街地環境への改善ポイントを、特定街区指定基準が例示する1)建築物を地区における良好な環境の形成を図る上で誘導すべきものとして位置づけられる用途（例．文化施設、コミュニティ施設）、2)市街地環境の向上に寄与するスペース（例．屋内公開広場、ランドマーク）、3)地域の整

189

第6章 結論及び今後の検討課題

備改善に広範囲に寄与する施設（例．地下鉄出入り口、地域冷暖房施設、バスターミナル）等をに拡大することについては、一方で批判があることも前述の通りである。

また様々な地区計画系の容積率制限等緩和型制度が創設されたが、各々の制度の適用条件が個々の目的に対応して設定されるが故にその適用領域は広範な市街地を対象にしてはおらず、これを全体として整理・統合する中で、適用対象の拡大を図って行くべきという指摘もある。しかしながら、一方で柔軟で汎用的に適用可能な制度は、裁量の余地を拡大させるが故に、逆に恣意的な運用を招く恐れがあるとの認識のもと、かえって市町村及び特定行政庁において積極的、弾力的な運用を控える傾向を助長する場合も生じうると考えられる。

以上の容積率制限等緩和型制度の検討課題はある意味では(1)で述べた用途地域による容積率制限に関する今後の検討課題と表裏をなす。

すなわち、都市計画における容積率制限が何を目的としており、用途地域による容積率の指定がどのような考え方で行われているのか、換言すればどのような条件が整備されれば緩和が可能なのかに関する理論的研究と容積率制限等緩和型制度の制度スキームに関する理論的研究は一体不可分といえる。

② 容積率制限等緩和の効果の評価

種々の議論はあるものの経済社会の要請に応え様々な容積率制限等緩和型制度が創設され、活用されてきた。本書は千代田区という特定の地区を対象に、都心型地区計画（用途別容積型地区計画と街並み誘導型地区計画の併用）の効果を地価に限定して定量的に評価したものであるが、今日の都市をめぐる諸問題を踏まえれば、地価が上昇することが常に是ではないことはいうまでもない。

容積率制限等緩和型制度も既に多数の活用事例を有する今日、あらためて、より多様な視点で、かつ、同時に総合的な視点でこれら事例の功罪について実体的な政策評価を行うことが重要であり、その成果を容積率制限等緩

和型制度の改善に反映していく必要がある。

(4) 地区計画制度の効果に関する今後の検討課題

① 地区計画制度の効果の多様性の研究

本論文では、「理論的には、社会資本や環境に関する整備条件の差が地価に反映される」といういわゆるキャピタリゼーション仮説を念頭に、都心型地区計画の効果を

a) 個々の敷地の利用可能容積率増大による高度利用効果
b) 隣接敷地の利用可能容積率増大による環境効果
c) 地区全体での計画的市街地更新による環境効果

の3つの効果に区分した上で、第4章ではこれら全体が地価にあたえる総合的効果を、第5章ではc)を除いた利用可能容積率が地価に与える効果を定量的に分析したものである。

しかしながら、地区計画策定の効果、又、地区計画を受けとめる地域住民のニーズももっと多様にとらえる必要がある。

まず、本書でもとり上げたc)計画的市街地更新による環境効果に関し、地区計画の策定実績が既に3,208地区、85,575 ha（2000年3月31日現在）に至った今日、環境効果をより具体的に分解し、かつ、地区計画の策定が行われず用途地域による土地利用規制のみで形成されている市街地との比較において、更に地価以外の評価基準で地区計画策定の効果を研究する必要がある。

更に、地区計画の策定は他の都市計画に比べ、地域住民の参加、情報公開及び地方の自主性の発揮に関し、先進性があることは既に述べた通りであるが、このような活動の積み重ねが、地域のコミュニティー形成に与える影響、地域住民と行政及び市町村議会との関係に与える影響等、物的な環境効果に限定されない社会的効果に関する研究も重要な課題である。

② 容積率制限等緩和型地区計画策定による効果についての計量的計測方法についての研究

第6章　結論及び今後の検討課題

　大都市圏都心部の市街地環境の整備・改善なかんづく住機能の確保による職住のバランスのとれた街づくりという政策課題の重要性は、単に地域コミュニティの維持・活性化や大都市住宅問題の緩和のみならず、地球環境負荷軽減のための職住近接型・コンパクトな都市構造の実現という観点からも、今後、一層増大する。用途別容積型地区計画と街並み誘導型地区計画を併用した地区計画の策定は、そのための有効な政策手段である。しかしながら、その取り組みは、大都市圏都心部の中でも、千代田区、中央区といった一部の地域に留まっている。

　その理由のひとつとしては、地区計画自体による効果の実現に不確実性が大きいため、これを明確に提示することが困難であったことが考えられる。

　本論文はそのような不確実性を考慮しつつ、その効果、具体的には土地資産価値増大効果を特定の地域を対象に計量的に計測する手法を提示したものであるが、更に今後次のような研究課題が存すると考えられる。

　先ず、今回の分析は被説明変数として採用された公示地価や路線価方式により評価された地価が既に地区計画の策定や容積率制限等の緩和が一定程度影響を与えているという前提のもとで、千代田区あるいは神田和泉町という特定の地区内の地価形成に占める地区計画あるいは利用可能容積率の増加分の寄与度を定量的に分析したことに意義があるが、今後他の地区において新たに容積率制限等緩和型地区計画を策定しようとする場合にそれが地価形成にどのような影響を与えるかについては、

　a)　ヘドニックアプローチによる地価関数の有効性について
　b)　地価関数における説明変数の抽出について
　c)　各説明変数の地価形成に与える定性的な効果について

有意義な情報を提供するものの、定量的な情報までは提供し得ない。

　今後、特定の地区を対象とする今回のような実証的分析を蓄積し、他の地区で新たに容積率制限等緩和型制度を適用しようとする場合に、地価形成に与える影響を事前に、かつ、定量的に推計することの可能性について研究を行う必要がある。

　次に、地区計画に限らず容積率制限等緩和型制度は、大都市圏の中で、一

第6章　結論及び今後の検討課題

部の地域でスポット的に適用された場合には、その地点では地価を上昇させることになり、バブル期にはこのような観点から、容積率制限に対する多くの批判もあったところである。このような批判に対する当時の行政側の基本的な回答は、これらの制度が市街地環境も担保しつつ広域的に実施されれば、床供給の拡大に伴う床価格の低減を通じ、むしろ地価の安定に寄与するというものであった。このような議論が盛んに行われたバブルのピーク時に比べ東京圏の地価は商業地が平均で1／4強、住宅地で1／2強と、経済条件の激変により大きく急落し、都市計画・建築規制の影響を時系列的に分析することは全く困難といわざるをえないが、少なくとも一定の仮定の基で個別スポット的な容積緩和による当該地区の地価上昇と床供給の拡大が土地市場にどのような影響を与えるかについての理論的研究は今後の重要課題であると考えられる。

参考文献

　経済審議会（1996）『経済審議会行動計画委員会・土地・住宅ワーキンググループ報告書』

Characteristics of city planning systems for increasing total floor area ratio and an analysis on increment of land assets value through executing District Planning etc.

HIROTO IZUMI

This thesis aims to examine theoretical basis of systems for easing FAR (floor area ratio) restriction etc., and searches back grounds of establishing these systems and to analyze their effects substantially, focusing on the DPPH (District Planning system for Promoting urban Housing development with different FAR by use) and the DPGF (District Planning system for Guiding Formation of street and building). Recently, these systems are introduced actively in order to create and to improve urban environment through providing houses, arranging open spaces and passages and forming street landscape etc., in existing built-up districts of Tokyo central areas.

The restriction on FAR has been determined to control demand for public facilities and to maintain urban environment by regulating space coverage ratio of building. Based on such recognition, systems for easing FAR restriction etc., are functioning to control demand for public facilities under certain condition such that public facilities have already completed etc., and to ease FAR restriction by Land Use Designated Zoning according to contribution to the creation and improvement of urban environment through ensuring effective open spaces etc.

It is pointed out that the formation of imbalance of structure in urban

sumary

districts over existing urban areas of central parts in major metropolitan areas like Tokyo, was caused by drastic decrease of the number of housing i.e. night-time population. On the other hand, large number of districts are distressed by problems on housing environment, disaster prevention etc., because buildings cannot be renewed owing to insufficient public facilities such as roads etc., even though those buildings become superannuated.

In the above-mentioned situation, the DPPH and the DPGF were established as regulatory measures based on the city planning and building control to cope with those problems of major metropolitan areas. The District Planning system that combines both systems (hereafter it is called as "District Planning Systems for Central Areas") is introduced positively in the central special wards of Tokyo metropolitan area in recent years.

This thesis provides analyses of following two aspects grounded on these circumstances.

Firstly, this thesis examines objectives of establishing these systems and proposes a theoretical basis of easing FAR restrictions, through historical analysis on creation of the systems and legislation. In addition, it clarifies that these systems were established so as to ensure the creation and improvement of urban environment in spite of their characteristics that the conditions of easing restrictions are not so strict in comparison with other systems, and that local governments can manage the system flexibly.

Secondly, this thesis provides an explanation concerning high incentives caused by the district planning to land owners, through measuring effects

sumary

of executing the District Planning for Central Areas to land owners and residents actually. In the concrete, I proposed a hypothesis that the effects of residents and expected profits of land owner from land assets management will increase through forming favorable street landscape, if the District Planning for Central Areas is executed, and as the result, if available FAR for land owners is enlarged, and as a consequence, buildings become being rebuilt gradually based on the district plan. This thesis verifies the hypothesis through analyzing effects on increment of land assets value by executing a district planning utilizing hedonick approach method.

This thesis is composed of an introduction and six chapters.

The introduction contains the structure of this thesis, objectives and the significance of this research.

The first chapter arranges systems for easing FAR restriction by the Urban Planning Law and the Building Standard Law systematically and clarifies characteristics of the DPPH and the DPGF within those systems. Namely, systems for easing FAR restriction are classified into three major categories.

At first, the measures to control demand for public facilities and to restrict the space occupied ratio are secured through means of city planning approval with regard to zoning, in addition, eased FAR restriction at the building confirmation procedure is replaced as FAR restriction designated by zoning, thereupon relaxation of FAR restriction is approved. The Specified Block System and the Efficient Land Utilization Zone System correspond to this category.

Secondly, there are systems that ease FAR restriction etc., by ascertain-

sumary

ing conditions when the Special Administration Agency gives permission of building planning under consent of the Building Review Council, such as the Permission System for Comprehensive Building Design.

Thirdly, there are systems that can apply higher floor area ratio than the ratio designated by zoning through recognition by the Special Administration Agency under the condition that the district planning has been approved by city planning, in addition, the system can ease slant plane restriction with permission by the Special Administration Agency under consent of the Building Review Council. Typical system is the Special District Planning for Redevelopment.

The DPPH and the DPGF principally correspond to systems of the third category. However, the DPPH can ease FAR at the time of building confirmation without permission by the Special Administration Agency, and the DPGF can ease even slant plane restrictions with recognition by the Special Administration Agency without consent of the Building Review Council. In that respect, these two systems have peculiar character in the third category.

The second chapter provides an analysis on characteristics of the DPPH. That is, the DPPH was established as a system to create and to improve urban areas including provision of housing, through guidance of individual building construction in the area where public facilities have been comparatively well-developed in existing urban districts. This system has been established and designed as flexible system consequently, because it can realize relaxation of FAR for housing use under the clear and simple procedures such as "the city planning approval and building confirmation", and because provision of new public facilities are not required as for a condition of relaxation, moreover, because the system

sumary

allows to provide open spaces in order to secure urban environment totally and efficiently in all parts of planning area.

Furthermore, the second chapter refers to the theoretical basis why this system was established, i.e. there has been a certain knowledge that houses do not cause much concentrated traffic load than other building use, therefore new method to control the demand for public facilities by designation of FAR according to building use based on the knowledge was authorized under legal system.

The third chapter mentions an analysis on the characteristics of the DPGF.
In brief, the District Planning system for Guiding Formation of street and building was established to create and to improve urban environment through promoting provision of urban housing and upgrading urban disaster prevention etc., even in the districts where public facilities are not well-developed.

According to legislation, this system guarantees to maintain a favorable urban environment by controlling total floor area and shape of buildings in the existing urban area where public facilities are not well-developed, while preserving every possible balance between the building and current condition of public facilities. This chapter clarifies that the system was established and it enables to realize a form of urban area based on local conditions adequately, by conducting individual construction activity, while providing a sufficient motivation for land owners.

On the other hand, the fourth and the fifth chapters examine methods to measure effects of these District Planning systems to the residents

sumary

quantitatively.

After making a District Planning for Urban Central Areas, the utility for residents becomes high and the expected gain from land assets management for a land owner increases. As the effect depends on the increment of land assets value, it is possible to measure the effect actually by estimating a function of land value while adopting the hedonick method.

However, it is impossible to adopt the hedonick method that is normally utilized to measure effects of various projects, directly. Because, in case of a project under compulsory measures, there exists reliability of its actualization and of the period of realization. Therefore, the land value in the future can be predicted by means that characteristics of the site at the time of project completion are substituted for the variable of an estimated function on land value. However, in the case of the district planning, there exists high uncertainty of its actualization and its period, because the district planning principally aims at the control and inducement of building activities in the private sector. Accordingly, it results in an overestimation, if the effect of a district planning is evaluated under a presupposition that all buildings in the area will be renewed according to plan after making the district planning and that intended formation of streets, buildings and public spaces will be realized in the future.

Thereupon, the fourth chapter examines the methods to measure effects by predicting a land value function inducing the district dummy variable, then a trial calculation of effects of the District Planning for Urban Central Areas at Chiyoda ward was performed.

In the concrete, the method to predict a land value function including the district dummy variable that is defined as the value "one" in case of inside

sumary

of the planned area and as put the value "zero" in case of outside, after the collection of data on land value and characteristics of the point in the area that includes both the district planning area and other areas, was implemented.

There exists 10 areas that the District Planning for Urban Central Areas has been approved or is under planning procedure in Chiyoda ward. When I did trial calculations on the effect of fluctuations in land assets value in these areas owing to executing the district planning utilizing above-mentioned method, it becomes clear that the land assets value has increased approximately 150 thousand yens per square meter (year in 1998) in comparison with other areas.

In the fifth chapter, a method to measure the effect of making a district planning utilizing another hedonick approach was reviewed.
That is, the effects of fluctuations in land assets value owing to executing a District Planning for Urban Central Areas are composed of : (a) the effect on efficient use through increment of the usable total FAR at the site ; (b) the effect on environment through increment of the usable total FAR of adjacent sites, and ; (c) the effect on environment through urban renewal according to plan in the whole district. Though the effect (c) causes almost the same influence at all sites in the district, the effects (a) and (b) differ from one site to another.

Accordingly, the hedonick approach that estimates a function of land value, which adopts explanatory variables both of the former usable total FAR and the eased total FAR of the sites only in the district planning area, enables to measure the effects of fluctuations in land assets value caused by the effects (a) and (b) excluding the effect (c), namely, the effect

sumary

on relaxation of total FAR based on the District Planning for Urban Central Areas.

I examined the effect on fluctuations in land assets value owing to executing the District Planning in Kanda-Izumi-cho area, utilizing above-mentioned method. The result is that the assets value in the planned area has been risen approximately 8.3% (year in 1997) owing to relaxation of total FAR, as the relaxation of total FAR by a district planning is one of the significant factors to increase land assets value.

In the sixth chapter, the results of this research are summarized and the issues for future research are pointed out.

あ と が き

　本書は筆者が平成13年4月に東京大学工学部より工学博士の授与を受けた論文をほぼそのまま出版したものである。

　私事になるが、昭和51年に旧建設省に入省して以来、昭和55年の地区計画制度の創設、昭和63年の再開発地区計画の創設、平成2年の用途別容積型地区計画等の導入、平成4年の誘導容積型地区計画等の導入に、各々担当者として携わってきた。また、土地バブルがスタートした昭和62年には土地臨調が設けられたが、建設省において規制緩和と地価の関係等土地問題に携わってきた。このような経験をもとに、一度ゆっくり①地形計画制度等の創設の経緯をとりまとめるとともに、②容積率等を緩和する諸制度の論理の分類整理を行い、③特に、既成市街地における居住機能の確保を図るために導入された用途別容積型地区計画等の制度的特色を明らかにし、④更に、当時、国会においても色々なやりとりがあったが、容積率等の緩和が土地資産価値、具体的には地価に与える影響を客観的に明らかにしたいと考えていた。そのような思いから、学位論文の執筆に1997年から着手し、その成果の一部を都市住宅学会の学会誌に3度にわたり掲載していただき、最終的な論文のとりまとめを行うとともに、本書の出版に至ったものである。学位論文をとりまとめるに当たって、4年間の長きにわたり、お忙しいなか懇切な御指導をいただき、かつ、論文審査の主査及び副査としてご指導いただいた東京大学の岡部篤行先生、浅見泰司先生に心より感謝いたします。

　両先生に加え、論文の審査に当たっては、岡部先生、浅見先生以外に同大学の大方潤一郎先生、北沢猛先生及び城所哲夫先生に副査として的確な御指導をいただき、論文をまとめることができました。心より感謝いたします。

　また、今回の論文のテーマは、政策研究大学院大学の福井秀夫先生及び那須大学の久米良昭先生との議論から生じたものである。両先生にはその後も論文をとりまとめていく過程において多くの助言をいただいた。御二人に心

より感謝いたします。

さらに、論文のとりまとめに当たっては、国土交通省の同僚である橋本公博氏はじめ多くの同僚に資料収集等の協力をいただいた。このような同僚の方々、また、論文が対象とする容積率緩和型都市計画制度を有効に活用していただき、かつ、論文執筆に当たっての具体例を提供してただいた地方公共団体の担当者の方々にお礼を申し上げます。

最後に松田妙子理事長（㈶住宅産業研修財団及び㈶生涯学習開発財団理事長）に心より感謝いたします。松田理事長が70才を目前に控え、博士論文の執筆にチャレンジし、平成11年3月、71才で博士の学位を取得された。そのチャレンジ精神に大きく刺激を受け、論文の執筆に取りかかり、更に、このような本にとりまとめることができました。

信山社の袖山、斉藤及び有本氏には本書の刊行にあたってご尽力をいただいた。

あらためて各位に感謝申し上げます。

平成13年11月　　　　　　　　　　　　　　　　　著　者

〈著者紹介〉

和 泉 洋 人（いずみ・ひろと）

国土交通省住宅局住宅総合整備課長　1976年東京大学工学部卒　東京大学博士（工学）
昭和51年旧建設省入省、住宅局、旧国土庁大都市圏整備局、建設研究所、高崎市役所、大臣官房政策課等を経て2001年より現職。

容積率緩和型都市計画論

2002年（平成14年）1月10日　第1版第1刷発行　3081-0101

著　者	和　泉　洋　人	
発行者	今　井　　　貴	
発行所	株式会社信山社	

〒113-0033 東京都文京区本郷6-2-9-102
電　話　03（3818）1019
ＦＡＸ　03（3818）0344

出版編集　信山社出版株式会社
販売所　　信山社販売株式会社

Printed in Japan

Ⓒ和泉洋人，2001．印刷・製本／共立プリント・大三製本

ISBN4-7972-3081-9 C3332
3081-012-0200-030
NDC分類 323.911

Ⓡ　本書の全部または一部を無断で複写複製（コピー）することは、著作権法上での例外を除き、禁じられています。本書からの複写を希望される場合は、日本複写権センター（03-3401-2382）にご連絡ください。

―――― 信山社 ――――

福井秀夫 著
都市再生の法と経済学 2,900円

鈴木禄弥・福井秀夫・山本和彦・久米良昭 編
競売の法と経済学 2,900円

下村郁夫 著
土地区画整理事業の換地制度 6,000円

岡本詔治 著
不動産無償利用権の理論と裁判 12,800円

小柳春一郎 著
近代不動産賃貸借法の研究 12,000円

阿部泰隆・野村好弘・福井秀夫 編
定期借家権 4,800円

衆議院法制局・建設省住宅局監修
福井秀夫・久米良昭・阿部泰隆 編集
実務注釈 定期借家法 2,500円